BestMasters

Mit **„BestMasters“** zeichnet Springer die besten Masterarbeiten aus, die an renommierten Hochschulen in Deutschland, Österreich und der Schweiz entstanden sind. Die mit Höchstnote ausgezeichneten Arbeiten wurden durch Gutachter zur Veröffentlichung empfohlen und behandeln aktuelle Themen aus unterschiedlichen Fachgebieten der Naturwissenschaften, Psychologie, Sozialwissenschaften, Technik und Wirtschaftswissenschaften. Die Reihe wendet sich an Praktiker und Wissenschaftler gleichermaßen und soll insbesondere auch Nachwuchswissenschaftlern Orientierung geben.

Springer awards **“BestMasters”** to the best master’s theses which have been completed at renowned Universities in Germany, Austria, and Switzerland. The studies received highest marks and were recommended for publication by supervisors. They address current issues from various fields of research in natural sciences, psychology, social sciences, technology, and economics. The series addresses practitioners as well as scientists and, in particular, offers guidance for early stage researchers.

Jakob Behnke

Automatische Optimierung von Audiosignalen für Transkription mit Evolutionären Algorithmen und Machine Learning

Jakob Behnke
Institut für Telematik
Universität zu Lübeck
Lübeck, Deutschland

ISSN 2625-3577 ISSN 2625-3615 (electronic)
BestMasters
ISBN 978-3-658-50047-4 ISBN 978-3-658-50048-1 (eBook)
https://doi.org/10.1007/978-3-658-50048-1

Die Deutsche Nationalbibliothek verzeichnet diese Publikation in der Deutschen Nationalbibliografie; detaillierte bibliografische Daten sind im Internet über https://portal.dnb.de abrufbar.

Planung/Lektorat: Friederike Lierheimer
Springer Vieweg ist ein Imprint der eingetragenen Gesellschaft Springer Fachmedien Wiesbaden GmbH und ist ein Teil von Springer Nature.
Die Anschrift der Gesellschaft ist: Abraham-Lincoln-Str. 46, 65189 Wiesbaden, Germany

Danksagung

Diese Arbeit wurde im Rahmen des Projekt LABORATORIUM geschrieben. Dieses Projekt wurde durch das deutsche Bundesministerium für Bildung und Forschung (BMBF) unter der Projektnummer 16DHBKI075 gefördert. Diese Arbeit wurde nicht direkt durch das BMBF gefördert.

Zusammenfassung

In dieser Masterarbeit wird die Empfindlichkeit des Automatic Speech Recognition Werkzeugs Whisper auf Störgeräusche untersucht. Hierbei werden unterschiedliche Geräuschtypen in verschiedenen Lautstärken untersucht. Es zeigte sich, dass einige Störgeräusche wie reines Rauschen oder Hintergrundgespräche einen höheren Einfluss auf die Transkript-Fehlerrate haben. Es wurde untersucht, ob mittels Machine Learning-Algorithmen und evolutionären Algorithmen eine Audioplugin-basierten Vorverarbeitung begunden werden kann, welche die Transkriptgenauigkeit in Gegenwart von Störgeräuschen verbessert. Die Ergebnisse zeigen, dass mit den gewählten Methoden Verbesserungen für einzelne Störgeräusche erzielt werden konnten. Eine universelle Pluginkette zur Verbesserung der Transkriptgenauigkeit auf beliebigen Daten konnte jedoch nicht identifiziert werden.

Abstract

In this master thesis, the sensitivity of the automatic speech recognition tool Whisper to noise is analyzed. Various noise types in different loudness leves were examined. It was shown that certain noise types, such as static noise or background speech, have a greater influence on transcription error rates than others. Additionally, audio plugin-based processing pipelines were explored using machine learning methods and evolutionary algorithms, aiming to improve transcription accuracy in the presence of noise. The applied methods led to improvements for specific types of noise. However, no plugin chain was found that could enhance transcriptions for arbitrary audio files.

Inhaltsverzeichnis

1 Einleitung

In einer alternden Gesellschaft ist eine gute gesundheitliche Versorgung sehr wichtig. Der Kontakt zwischen behandelndem Fachpersonal und Patient*in ist dabei entscheidend. Eine klare Kommunikation, ob zwischen behandelnder Person und Patient*in oder auch interdisziplinär zwischen Behandelnden, kann entscheidend zum Erfolg einer Therapie beitragen [40]. Das Committee on Quality of Health Care in America des Institute of Medicine hat eine patientenzentrierte Ausrichtung in diesen Berufen als einen der sechs wichtigen Faktoren für ein modernes Gesundheitssystem benannt [3].

An der Universität zu Lübeck (UzL) wird dies bereits in die Ausbildung in Gesundheitsstudiengängen einbezogen. Dazu werden Kommunikationsworkshops im Rahmen des Studiums durchgeführt, in denen die Studierenden gezielt Gesprächssituationen mit Patient*innen trainieren können. Mit Schauspielenden werden realistische Gespräche simuliert und durch die Dozierenden bewertet.

Um diese Trainings effektiv unterstützen zu können, wurde im Rahmen des Forschungsprojekts *LABORATORIUM*[1] an der Universität zu Lübeck das durch Künstliche Intelligenz (KI) unterstützte *Communication Support System* (CoSy) entwickelt [77]. Dieses Projekt wurde durch das deutsche Bundesministerium für Bildung und Forschung (BMBF) unter der Projektnummer 16DHBKI075 gefördert. Durchgeführt wurde das Projekt von diversen gesundheitswissenschaftlichen sowie informationswissenschaftlichen Instituten der Universität. Das System soll Dozierende in den Workshops mit objektiven Daten zu den Gesprächen unterstützen.

[1] https://laboratorium.uni-luebeck.de

J. Behnke, *Automatische Optimierung von Audiosignalen für Transkription mit Evolutionären Algorithmen und Machine Learning*, BestMasters,
https://doi.org/10.1007/978-3-658-50048-1_1

Der Einsatz von KI im Kommunikationstraining in Gesundheitsberufen ist bereits grundlegend getestet worden und die Akzeptanz durch Studien direkt im Bezug auf CoSy evaluiert [81][18]. CoSy fasst verschiedene sprach- und inhaltsbezogene Parameter zu einem Feedback zusammen und präsentiert dieses in einer dazugehörigen bildlichen Oberfläche [77]. Die objektiven Parameter werden aus Aufnahmen der Sprechenden gewonnen. Dazu werden die Teilnehmenden mit kleinen Mikrofonen ausgestattet, die unauffällig an der Kleidung befestigt werden können. Die aus dem Gespräch resultierenden Aufnahmen werden auf diverse Parameter analysiert. Dabei kommen teilweise KI-gestützte Werkzeuge zum Einsatz. Diese Parameter beinhalten beispielsweise das Sprechtempo, angegeben in Silben pro Sekunde oder die Stimmmodulation in Hertz. Ein weiterer wichtiger Bestandteil der Analyse ist ein Transkript, das mittels *Automatic Speech Recognition* (ASR) erstellt wird. Hierbei handelt es sich um Software, die aus Audioaufnahmen von Sprache das Gesagte extrahieren kann. All diese Parameter sollen die Dozierenden nur unterstützen und keine Wertung über das Gespräch geben.

Das System besteht aus den mobilen Mikrofonen sowie einem Laptop, auf dem alle Berechnungen lokal durchgeführt werden. Dies dient dem Schutz der sensiblen Gesprächsdaten.

Während der Entwicklung wurde ein Demonstrator des Systems unter reellen Bedingungen in Studienfächern der Hebammenwissenschaften und Allgemeinmedizin getestet. Dabei wurde das System in bestehenden Lehrmodulen im Kommunikationstraining erprobt.

Wie bereits beschrieben, ist das Transkript in der CoSy-Analyse entscheidend, da auch weitere Analysen auf diesem aufbauen. Zum einen wurde in Befragungen der CoSy-Anwender festgestellt, dass diese in einem exakten Transkript einen deutlichen Mehrwert sehen. In der Auswertung ist es hilfreich für die Bewertung eines Gesprächs nachsehen zu können, was in diesem gesagt wurde. Zum anderen muss ein Transkript nicht in dem Kontext der Gesprächssitutation interpretiert werden. Ein Parameter wie die Stimmfrequenz ist immer auf die sprechende Person und die Situation des Gesprächs zu beziehen, da etwa unterschiedliche Personen verschieden hohe Stimmen besitzen. Darüber hinaus bauen verschiedene weitere Feedbacks auf dem Transkript auf, wie etwa das Herausfiltern von Fragen. Es werden außerdem die Häufigkeiten der verwendeten Worte gezählt. Vorher definierte Reizwörter können in dem Transkript hervorgehoben werden, um in der Analyse schneller zu entscheiden, ob bestimmte Themen angesprochen wurden. Für all dieses ist ein möglichst fehlerfreies Transkript wichtig.

Fehler in Transkripten können aus verschiedensten Quellen resultieren. Ein wichtiger Faktor ist das verwendete Transkriptions-Modell. Unterschiedliche Modelle können, abhängig von ihrer Architektur und vor allem den verwendeten

Trainingsdaten, stark abweichende Transkriptgenauigkeiten erreichen. Störgeräusche in den Aufnahmen erschweren ebenfalls eine fehlerfreie Transkription. In einigen Aufnahmesituationen während der Erprobung von CoSy waren starke Nebengeräusche präsent. Dies war beispielsweise eine laute Klimaanlage oder ein Rasenmäher vor dem Gebäude. In den Testaufnahmen waren als Resultat dieser Geräusche Transkripte mit erheblichen Fehlern ausgegeben worden.

CoSy nutzt für die Transkription der Gespräche das frei verfügbar Transkriptionswerkzeug Whisper von OpenAI [68]. Deshalb wird in dieser Arbeit Whisper intensiv auf Störgeräuschanfälligkeit hin untersucht. Die Limitationen des Werkzeuges zu kennen, kann dafür genutzt werden, eine besser geeignete Umgebung für Trainingsgespräche auszuwählen oder störende Geräuschquellen zu eliminieren.

Bisherige Untersuchungen zur Störempfindlichkeit der Whisper-Modelle waren meist nur oberflächlich. In der Veröffentlichung von Radford et al. wurde in Abschnitt 3.7 die Transkriptionsgüte des *large-v2*-Modells in Gegenwart von Störgeräuschen mit anderen Transkriptionsmodellen verglichen. Als Störgeräusche wurden hier lediglich weißes Rauschen und Bar-Geräusch (englisch „*pub noise*") aus der *Audio Degradation Toolbox* (ADT) untersucht [55]. Weitere Arbeiten untersuchen die Störempfindlichkeit in einem spezifischen Anwendungs-Kontext. In einer Studie von Bhatt et al. wurde Whisper auf Störempfindlichkeit bei der Transkription von Personen mit Sprachstörungen untersucht [14]. Es wurde ebenfalls nur weißes Rauschen und Gebrabbel als Störeinflüsse getestet. Gebrabbel ist vergleichbar mit den Bar-Geräuschen aus den Versuchen von Radford et al.

Darüber hinaus wurden bisher keine ausführlichen Analysen zu der Störempfindlichkeit von Whisper in deutscher Sprache durchgeführt. Untersuchungen zur Störanfälligkeit wurden hauptsächlich für englischsprachige Daten durchgeführt, wie etwa die Untersuchungen von Radford et al. In dieser Arbeit werden ausschließlich Datensätze aus deutschsprachigen Audioaufnahmen verwendet. Studienergebnisse von Attanasio et al. zeigen, dass Whisper für unterschiedliche Sprachen verschiedene Fehlerraten erreicht [7]. Daher sind Ergebnisse für andere Sprachen nicht direkt auf die deutsche Sprache übertragbar. Als Störgeräusche werden Aufnahmen von verschiedenen Geräusche verwendet. Diese umfassen übliche Störflüsse aus einem Büro-Umfeld wie etwa das Quietschen von Stühlen oder Aufnahmen von Türenschließen und Klimaanlagen. Solche Geräusche können realistisch in Aufnahmen von CoSy auftreten. Weiter wurden allgemeinere Störgeräusche untersucht, wie etwa Essgeräusche und Aufnahmen aus belebten Umgebungen. Durch die verwendeten Aufnahmen wird ein breites Spektrum an Störeinflüssen abgedeckt.

Es ist stets wünschenswert, dass ein Transkript das Gesagte fehlerfrei wiedergibt. Störgeräusche in einer Aufnahme können die Transkription sowohl für einen menschlichen Hörer als auch für Transkriptionssoftware erschweren. Daher ist es sinnvoll, Störeinflüsse möglichst zu vermeiden. Dies ist allerdings nicht immer möglich. So kann in einem festgelegten Raum beispielsweise eine Klimaanlage dauerhaft eingeschaltet sein oder externes Störgeräusch, wie etwa ein vorbeifahrendes Fahrzeug, auftreten. Solche Störgeräusche können nicht immer beeinflusst werden. In solchen Situationen ist eine Vorverarbeitung der Audiospuren zur Reduktion von störenden Einflüssen denkbar.

In dieser Arbeit wird daher ebenfalls untersucht, wie die Audioaufnahmen in der CoSy-Anwendung so vorverarbeitet werden können, dass die genutzten Whisper-Modelle ein möglichst fehlerfreies Transkript produzieren. Whisper wurde mittels Machine Learning auf einer großen Anzahl von Audiodaten traininert. Dadurch ist nicht bekannt, aus welchen Merkmalen der Audiosignale die Transkripte bestimmt werden. Somit kann eine Verarbeitung der Audiosignale nicht manuell auf diese optimiert werden.

Eine Studie von Trabelsi et al. untersuchte, ob eine Vorverarbeitung der Audiosignale durch KI-basierte Rauschentfernungswerkzeuge die Transkription durch Whisper verbessern kann [87]. Es wurden Werkzeuge genutzt, welche den Höreindruck einer Datei verbessern sollen. In dieser Arbeit wurden Aufnahmen in englischer und französischer Sprache untersucht. Nur für eines der Whisper-Modelle konnte durch KI-basierte Rauschentfernung eine Verbesserungerzielt werden. Diese Verarbeitung führete für alle übrigen Modelle zu einer Steigerung der Fehlerrate in den Transkripten.

In dieser Masterarbeit wird ein anderer Ansatz zur Verbesserung der Transkription verfolgt. Es wird untersucht, ob sich mittels automatischer Suche Audiopluginketten finden lassen, die eine solche Verarbeitung durchführen. Dafür werden zwei verschiedene Machine Learning-Ansätze verwendet, um Audiopluginketten zu optimieren. Audioplugins sind Software, welche zur Verarbeitung von Audiosignalen genutzt werden. Diese können als eine Verarbeitungskette hintereinander auf einer Audiodatei ausgeführt werden. Es gibt Audioplugins mit vielen unterschiedlichen Funktion im Bereich der Audiosignalverarbeitung. In den Experimenten können somit durch diese Plugins verschiedene Verarbeitung der Signale getestet werden. Ausgewertet werden die Verarbeitungsketten nach Metriken zur Signalgüte und Gütekriterien für Transkriptionswerkzeugen. Die Pluginketten werden auf Datensätzen angewandet, die mit Störgeräuschen gemischt wurden.

Für die automatische Suche sind Machine Learning-Methoden gut geeignet. Diese Methoden suchen selbstständig Pluginketten aus der großen Anzahl möglicher Kombinationen aus und können basierend auf bisherigen Ergebnissen weitere Kandidaten auswählen. Es werden zwei unterschiedliche Ansätze getestet. Zum einen ein Ansatz basierend auf evolutionären Algorithmen getestet. In diesem werden stets mehrere Lösungen parallel ausgewertet und nach dem Vorbild der natürlichen Selektion weiterentwickelt. Zum anderen wird ein Optimierungsansatz aus dem Bereich der Parameteroptimierung für Machine Learning-Training untersucht. In diesem werden neue Pluginkombinationen basierend auf der Güte der vorherigen Lösungen generiert.

Solch eine Vorverarbeitungskette soll für alle Störgeräuscharten in unterschiedlichen Lautstärken zu einer Verbesserung des Transkriptes führen. Dabei soll sich die Transkriptgüte auf einer ungestörten Datei nicht verschlechtern. Eine Pluginkette soll die Audiodateien in einer geringen Rechenzeit verarbeiten, da die Analyse von CoSy bestenfalls direkt nach einem Gespräch bereitstehen sollen.

Kapitel 2 wird zunächst der Begriff „Automatic Speech Recognition" erläutert und Whisper vorgestellt. Anschließend werden die verwendeten Datensätze beschrieben. Abschließend werden die Machine Learning-Verfahren präsentiert, die zu der Optimierung der Vorverarbeitung genutzt werden. In Kapitel 3 werden die Whisper-Modelle über vier verschiedenen Datensätzen auf ihre Störempfindlichkeitsanalyse hin analysiert und verglichen. Kapitel 4 befasst sich mit der Optimierung der Vorverarbeitung mittels der beiden verwendeten Methoden. Hier wird der Aufbau der Optimierungsläufe beschrieben und die Ergebnisse der einzelnen Methoden aufbereitet sowie miteinander verglichen. Abschließend werden alle Erkenntnisse in Kapitel 5 zusammengefasst und ein Ausblick auf weitere mögliche Untersuchungen gegeben.

Grundlagen

2

Dieses Kapitel erklärt die grundlegende Begriffe und Konzepte dieser Arbeit. Zunächst wird der Begriff Automatic Speech Recognition erklärt. Anschließend werden Evolutionäre Algorithmen beschrieben sowie die verwendeten Bibliotheken DEAP und Optuna. Daraufhin werden die genutzten Datensätze präsentiert. Abschließend wird der Audioverarbeitungsteil von CoSy genauer erläutert.

2.1 Automatic Speech Recognition

In diesem Abschnitt wird der Begriff „Automatic Speech Recognition" erläutert sowie das in dieser Arbeit untersuchte Werkzeug Whisper vorgestellt. Anschließend werden verschiedene Metriken zur Analyse der Güte von Transkriptionen miteinander verglichen und eines für die Analysen und Untersuchungen ausgewählt.

Als *Automatic Speech Recognition* (ASR) wird das automatische Transkribieren von Sprache zu Text durch Computersysteme bezeichnet [65]. Hierfür werden verschiedenste technische Methoden verwendet. Grundlegend wird in jedem System versucht, Muster in den Audiosignalen zu erkennen und diese übergespeicherten oder gelernten Mustern von Worten zuzuordnen. Dabei wird häufig das Audiosignal im Spektralbereich untersucht. Im Spektralbereich werden die Frequenzen eines Signals dargestellt.

Die Motivation zur Entwicklung solcher ASR-Systeme sind vielfältig. Ein verbreitetes Anwendungsbeispiel sind automatisierte Telefongespräche [85]. Auch in der Interaktion mit Robotern werden ASR-Systeme verwendet [54].

Erste Versuche wurden bereits 1952 von Mitarbeitern des Bell Labs unternommen [23]. Hierbei konnten nur einzelne Ziffern spezifisch für nur jeweils einen bestimmten Sprecher erkannt werden. Ab den 1970er Jahren gelang es mit *Hidden*

J. Behnke, *Automatische Optimierung von Audiosignalen für Transkription mit Evolutionären Algorithmen und Machine Learning*, BestMasters,
https://doi.org/10.1007/978-3-658-50048-1_2

Markov Modellen (HMM) komplexere Spracherkennersysteme zu konstruieren, die bis zu 20.000 Wörter erkennen konnten [8][10].

Weitere signifikante Durchbrüche wurden durch die Verwendung von *Künstlichen Neuronalen Netzen* (KNN) in den 1990er Jahren erreicht [16]. Die neue Entwicklung bestand darin künstlichen neuronalen Netzen dazu zuverwenden, die Wortmuster in den Audiosignalen zu erkennen. Neuronale Netze wurden auch in Zusammenspiel mit HMMs verwendet [16]. Ein Vorteil dieser neuen Systeme war die Fähigkeit, Sprache von beliebigen Sprechenden zu erkennen. Vorherige Systeme waren meist auf eine sprechende Person spezialisiert oder benötigten weiteres Training, um die Stimme einer neuen Person transkribieren zu können [16].

Heutzutage greifen Automatic Speech Recognition-Systeme häufig auf *Deep Learning*-Methoden zurück [9][43]. Die aktuell besten ASR-Werkzeuge verwenden Transformer-Architekturen, eine Form von KNNs [38][44]. Die in dieser Masterarbeit untersuchte ASR-Lösung ist das Werkzeug *Web-scale Supervised Pretraining for Speech Recognition* (*Whisper*) von OpenAI [68]. Whisper wird genauer untersucht, da dieses Werkzeug in CoSy zur Transkription verwendet wird und die gewonnenen Erkenntnisse dem System zugutekommen sollen.

Bei Whisper handelt es sich um eine Familie von Encoder-Decoder-Transformer-Modellen, die auf einem großen Datensatz von 680.000 Stunden Audiodaten mit Transkript trainiert worden ist. Transformer sind Machine Learning-Modelle, die durch Parallelisierung gut zur Verarbeitung von sequenziellen Daten wie Text oder Sprache geeignet sind [89]. Die Trainingsdaten stammen aus dem Internet und bilden entweder Audio-Text-Paare mit übereinstimmender Sprache oder Audio-Text-Paare, in denen das Transkript in englischer Sprache ist und die Audiodaten in einer anderen Sprache. Insgesamt sind in dem Datensatz 97 Sprachen enthalten. Der Großteil der enthaltenen Audioaufnahmen sind in englischer Sprache. 116.000 Stunden der Aufnahmen setzen sich aus anderen Sprachen zusammen. Darunter sind Weltsprachen wie Spanisch, Chinesisch oder Hindi, aber auch lokale Sprachen, wie etwa Okzitanisch, eine regionale Sprache in Gebieten Frankreichs. Da die Daten aus diversen, nicht näher beschriebenen Quellen bezogen wurden, ist anzunehmen, dass die Audioqualität der Aufzeichnungen variiert. Radford et al. stellen in ihrer Veröffentlichung die Hypothese auf, dass durch diese diversen Audioquellen mit unterschiedlichen Aufnahmeszenarien Whisper „robuster" wird [68]. Zum Zeitpunkt der Veröffentlichung war das *large-v2*-Modell kompetitiv gegenüber bereits etablierten Modellen im Bereich Automatic Speech Recognition, wie etwa *wav2vec 2.0 Large* [9] und konnte vor allem mit guten Ergebnissen gegenüber neuen Datensätzen punkten.

Insgesamt sind aktuell sieben verschiedene Modelle von OpenAI veröffentlicht worden: *tiny*, *base*, *small*, *medium*, *large*, *large-v2*, *large-v3*. Die Varianten unterscheiden sich nicht grundsätzlich in ihrer Architektur, lediglich in der Skalierung der einzelnen Bestandteile in Encoder und Decoder. Größere Varianten umfassen mehr Bausteine innerhalb der Transformer-Architektur. Das kleinste Modell (*tiny*) umfasst 39 Millionen Parameter, das größte Modell (*large*) 1,55 Milliarden Parameter. Die Modelle *large*, *large-v2* und *large-v3* nutzen die gleiche Architektur, wurden allerdings unterschiedlich trainiert. Im Vergleich zu *large* wurde *large-v2* wurde lediglich für mehr Epochen trainiert. Das *large-v3*-Modell wurde auf einem erweiterten Datensatz trainiert, der zum Teil Transkripte enthält, die durch das *large-v2*-Modell generiert wurden.

Neben reiner Transkription unterstützen die Whisper-Modelle noch weitere Funktionen. So kann Whisper zur Erkennung der Sprache in einer Audioaufnahme, für die direkte Übersetzung der Transkripte sowie zur *Voice Activity Detection* (VAD) genutzt werden. VAD erkennt, ob in einem Audiosegment Sprache enthalten ist. Wird keine Sprache erkannt, wird auf diesem Segment kein Transkript berechnet. Alle diese Aufgaben können dabei von einem einzelnen Modell ausgeführt werden. Traditionell waren dafür mehrere Modelle nötig. Die unterschiedlichen Funktionen wurden durch verschiedene Trainingsdaten realisiert.

Whisper berechnet intern das *Log-Mel-Spektrogramm* der Audiosignale. Spektrogramme sind eine gängige visuelle Darstellung für Signale und werden häufig zur Audioanalyse verwendet [20]. In einem Spektogramm wird dargestellt, wie sich die Verteilung von Frequenzen in einem Signal über die Zeit verändert. Für Log-Mel-Spektrogramme werden die Frequenzen so gewichtet, dass die Empfindlichkeit des menschlichen Ohres gegenüber diesen Frequenzen mit berücksichtigt wird. Dies stellt einen Unterschied zur Berechnung des Transkripts direkt auf dem Signal dar, wie etwa durch das ASR-Werkzeug wav2vec dar [9]. Beispiele für solche Spektrogramme sind in Abbildung 3.1 zu finden. Whisper arbeitet auf den Spektrogrammen, um in der Encoder-Struktur der Transformer Faltungsfilter zu verwenden, wie sie auch in der Bilderkennung eingesetzt werden [49].

Es gibt eine Vielzahl an unterschiedlichen Metriken, um ASR-Modelle zu analysieren und zu vergleichen. Meistens basieren diese Metriken auf der *Levenshtein-Distanz* (LD) [2]. LD ist ein Ähnlichkeitsmaß zwischen Zeichenketten (auch *Strings* genannt) und berechnet sich aus der Anzahl der Ersetzungen (engl. *Substitutions, S*), Einfügungen (*Insertions, I*) und Löschungen (*Deletions, D*). Generell gilt hierbei: Je geringer die Levenshtein-Distanz desto ähnlicher sind sich die Strings.

Eine der bekanntesten und viel genutzte Metrik ist die *Word Error Rate* (WER). Diese berechnet das Verhältnis zwischen Transkriptfehlern zur Gesamtanzahl der Wörter im Transkript. Dazu wird das Verhältnis der Summe von Ersetzungen, Einfügungen und Löschungen im transkribierten String zur Gesamtanzahl der Wörter im Referenzstring (N) gebildet. Dies ist in Formel

$$WER = \frac{S + I + D}{N} \tag{2.1}$$

gegeben.

Auf ganz ähnliche Weise wird die *Character Error Rate* (CER) berechnet. Auch diese summiert Ersetzungen, Löschungen und Einfügungen auf, teilt dies allerdings durch die Anzahl der einzelnen Zeichen in der Referenz. Dieses Maß kann dann interessant sein, wenn beispielsweise eine fehlerhafte Aussprache für den Fehler im Transkript verantwortlich ist, da dieses Maß feingranularer bewertet. Bei der WER wird nicht unterschieden, ob in einem Wort ein einziger Buchstabe falsch ist oder mehrere.

Ein möglicher Nachteil der Word Error Rate ist, dass sich Werte > 1.0 ergeben können. Dies ist beispielsweise der Fall, wenn das Sprachmodell Wörter hinzu halluziniert. Mit Halluzination ist im Kontext von Automatic Speech Recognition gemeint, dass das System Wörter oder ganze Sätze „erfindet", die nicht in dem Audiosignal enthalten sind. Ursachen für solche Halluzinationen können beispielsweise Hintergrundgeräusche in Sprechpausen sein [47]. Ein solcher Wert kann allerdings gegebenenfalls schwerer interpretiert werden, da hierbei nicht mitberücksichtigt wird, wie viele Wörter korrekt transkribiert wurden. Die *Match Error Rate* (MER) fokussiert sich statt auf die Anzahl der Fehler im Transkript auf die Anzahl der korrekt transkribierten Wörter. In Formel 2.2 ist die Berechnungsformel gegeben. Dabei werden die Ersetzungen, Einfügungen und Löschungen mit der Anzahl der korrekten Wortpaarungen (*Matches*, M) plus der Summe an Ersetzungen, Einfügungen und Löschungen ins Verhältnis gesetzt. Somit ist die MER zwischen 0,0 und 1,0 gebunden. Dies lässt sich daraus erkennen, dass Dividend und Divisor gleich sind, wenn keine Matches gefunden wurden und somit das Ergebnis zu 1,0 wird. Sind keine Fehler vorhanden, bleibt nur der Betrag an Matches im Divisor übrig und der Term wertet zu 0,0 aus. Dies ist aus der Formel.

$$MER = \frac{S + I + D}{M + S + I + D} \tag{2.2}$$

abzulesen.

Eine weitere Metrik ist *Word Information Lost* (WIL) [57]. In dieser Metrik wird mit in Betracht gezogen, dass sich der Referenztext und der transkribierte Text in ihrer Länge unterscheiden können. In den anderen Metriken wird dies vernachlässigt. Daraus kann sich ein anderer Informationsgehalt ergeben. Es wird das Verhältnis von Matches zur Anzahl der Wörter in der Referenz mit dem Verhältnis von Matches zur Anzahl der Wörter in der Vorhersage (*Prediction*, P) multipliziert und von 1 subtrahiert. Dies berechnet sich durch die Formel

$$WIL = 1 - \frac{M}{N} * \frac{M}{P} \tag{2.3}$$

Ohne die Subtraktion wird dies auch *Word Information Preserved* (WIP) genannt [58]. Die verschiedenen Metriken können aufgrund der unterschiedlichen Berechnungen zu abweichenden Ergebnissen kommen. Dies wird in Tabelle 2.1 anhand von Beispielen verdeutlicht. Für alle aufgezählten Metriken gilt, dass alternative Schreibweisen von Wörtern als Fehler gezählt werden. Dies kann etwa für Eigennamen auftreten oder durch geänderte Rechtschreibnormen bedingt sein.

Tabelle 2.1 Vergleich verschiedener Metriken in Bezug auf unterschiedliche Transkriptfehler.
Verschiedene mögliche Fehlerarten in Beispielsätzen. Dazu sind die Anzahl an Treffern (M), Ersetzungen (S), Einfügungen (I) und Löschungen (D) aufgelistet sowie die sich daraus berechneten Fehlerraten WER, MER und WIL. Es ist zu erkennen, dass je nachdem wie sich die Fehlerraten berechnen, einige einen höheren oder niedrigen Fehlerwert ausgeben können.

Referenz	Vorhersage	M	S	I	D	WER	MER	WIL
Hallo Welt	Hallo Welt	2	0	0	0	0,0	0,0	0,0
Ich heiße Tom	Ich bin Tim	1	2	0	0	0,67	0,67	0,89
Guten Tag	Es ist gutes Wetter	0	2	2	0	2,0	1,0	1,0
Das Essen schmeckt	Etwas schmeckt	1	1	0	1	0,67	0,67	0,83
Das ist schön	Das ist sehr schön	3	0	1	0	0,33	0,25	0,25

In allen Analysen und Untersuchungen wurde die Word Error Rate verwendet. Die WER ist die am häufigsten verwendete Bewertungsmetrik für ASR-Systeme und ermöglicht damit einen einfacheren Vergleich zu anderen Studien. So ist etwa auch im Paper von Radford et al. die Word Error Rate in allen Ergebnissen genutzt geworden. Zur Berechnung der WER wird die Python-Bibliothek *jiwer*[1] verwendet. Diese Bibliothek bietet Funktionen zur Berechnung aller genannten Metriken.

[1] https://jitsi.github.io/jiwer/, zuletzt geöffnet: 18.12.2024

2.2 Evolutionäre Algorithmen

In diesem Abschnitt werden Evolutionäre Algorithmen vorgestellt. Es wird ein Überblick über deren Historie gegeben und anschließend die verwendete Python-Bibliothek vorgestellt.

Unter dem Begriff *Evolutionäre Algorithmen* werden verschiedene Optimierungsverfahren zusammengefasst, die sich grundlegend an Mechanismen der Evolution orientieren [93]. Dabei werden meist eine Anzahl von Lösungskandidaten, auch *Individuen* genannt, nach evolutionären Regeln wie Selektion und Mutation automatisiert weiterentwickelt. Diese Individuen sind in einer *Population* von fester oder dynamischer Größe organisiert, die über mehrere Iterationen, auch *Generationen* genannt, durch die Mechanismen verändert wird. Als Bewertungsmethode wird eine auf das Problem angepasste Bewertungsfunktion, auch *Fitness* genannt, genutzt. Es werden verschiedene Ausprägungen von Evolutionären Algorithmen unterschieden, wie etwa *Genetische Algorithmen* [33][42], *Genetische Programmierung* und *Evolutionsstrategien*, wobei die Grenzen fließend sind [48][76]. Unterschiede finden sich überwiegend in der Repräsentierung der Individuen. So wird für Genetische Algorithmen klassisch eine Repräsentation von Individuen durch ein *Genom* genutzt. Ein Genom kann eine Liste oder Matrix sein, deren Einträge wie in einem reellen Genom Gene enthalten, die bestimmte Eigenschaften codieren. Gene können unterschiedliche Datentypen enthalten, wie etwa binäre Werte oder Zahlenwerte.

Für Genetische Programmierung werden traditionell Formeln oder Programme durch Bäume dargestellt. Dies wird zur Optimierung von mathematischen Ausdrücken, beispielsweise in Form von Syntaxbäumen, genutzt. Blätter einer solchen Struktur repräsentieren Datenwerte (beispielsweise Zahlen) und interne Knoten Funktionen (beispielsweise Rechenoperationen: +, −).

Die ersten Vorschläge, algorithmische Entwicklung an die Mechanismen der Evolution anzulehnen, wurden bereits in den 50er Jahren des 20. Jahrhunderts geäußert [17][88]. John Holland veröffentlichte 1975 in seinem Buch „Adaption in natural and artificial systems“ Ansätze für evolutionäre Algorithmen, die bis heute genutzt werden [42]. Auch das an Baumstrukturen angelehnte Genetische Programmieren wurde zu dieser Zeit erdacht [25][31]. Die Forschungsgruppen arbeiteten allerdings unabhängig voneinander. Erst ab 1991 wurden die Ansätze unter dem Begriff *Evolutionary Computing* gemeinsam bekannt [79].

Mit evolutionären Algorithmen lassen sich je nach Modellierung des Problems beliebig komplexe Probleme optimieren. In dieser Arbeit soll eine Kette aus Plugins für die Verarbeitung von Audiodateien optimiert werden. Eine Lösungskandidat für dieses Problem ist jeweils eine Kette aus Audioplugins. Genauer ist der Aufbau der

Lösungskandidaten in Unterabschnitt Modellierung in Kapitel 4 und Tabelle 4.1 beschrieben.

Grundlegend läuft die Optimierung mittels eines Evolutionären Algorithmus wie in Abbildung 2.1 dargestellt ab.

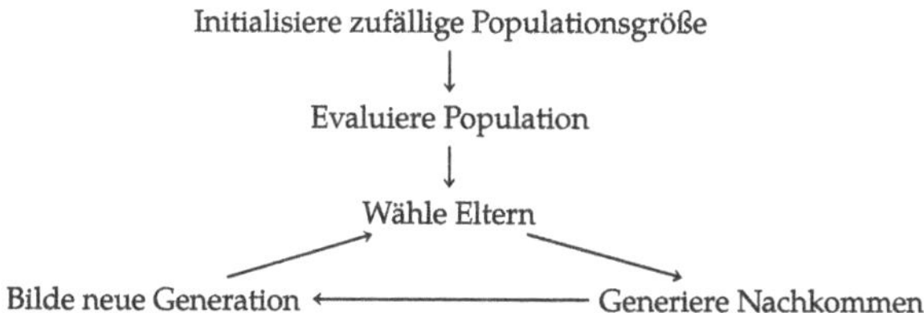

Abbildung 2.1 Grundsätzlicher Ablauf eines Optimierungslauf mit evolutionären Algorithmen

Die Suche nach einer möglichst guten Pluginkette zur Verbesserung der Transkriptgenauigkeit kann als Optimierungsproblem betrachtet werden. Ein Optimierungsproblem ist ein mathematisches Problem, bei dem die beste Lösung nach einer bestimmten Metrik aus einer Menge möglicher Lösungen – dem Suchraum – bestimmt werden soll. In diesem Fall ist die Word Error Rate die zu optimierende Metrik. Durch die gewählte Modellierung (siehe Tabelle 4.1) ist der Suchraum allerdings sehr groß. Hinzu kommt, dass die Topologie nicht bekannt ist. Ein Suchraum umfasst alle möglichen Lösungen für ein Optimierungsproblem. Die Topologie beschreibt die Verteilung und Verhältnisse der Lösungen zueinander in dem Suchraum. Ein lokales Optimum beschreibt eine Lösung oder einen Bereich von Lösungen, die nach der Zielmetrik besser sind als die umgebenden Lösungen. Es kann mehr als ein lokales Optimum in einem Suchraum existieren. Manche Suchstrategien können in solchen lokalen Optima „stecken bleiben" und so den Suchraum nicht weiter durchqueren. Mit Vorkenntnissen über den Suchraum kann die Suchstrategie angepasst werden.

Evolutionäre Algorithmen eignen sich gut für komplexe Optimierungsprobleme, da eine solche Suche mit geringem Aufwand aufgesetzt werden kann. Dazu ist lediglich die Definition des Suchraums über alle möglichen Lösungen nötig sowie eine Zielfunktion, welche einen Lösungskandidaten bewertet [93]. Die Evolution der Lösungen übernimmt der Algorithmus. Dies gilt auch für Probleme, in denen die Güte einer Lösung nicht vorher abschätzbar ist. Eine solche Abschätzung kann dann erfolgen, wenn Vorkenntnisse über die Zielfunktion existieren.

In dieser Arbeit wird für die Optimierung mittels evolutionärer Algorithmen die Python-Bibliothek DEAP verwendet.

DEAP
DEAP (Distributed Evolutionary Algorithms in Python) ist eine Python-Bibliothek zum Lösen von Optimierungsproblemen mittels evolutionären Algorithmen [32]. DEAP wird an der Laval-Universität in Québec seit 2012 entwickelt. Im Gegensatz zu vorher existierenden Frameworks für evolutionäre Algorithmen werden komplexe Mechanismen nicht vollständig vor den Nutzenden versteckt. Stattdessen werden Werkzeuge bereitgestellt, die zum einen komplexe Implementierungen abnehmen können, wie etwa eine Reihe von bereits implementierten Selektions- oder Mutationsmechanismen. Es wird zum anderen allerdings auch ermöglicht eigene Implementationen zu verwenden und so exakte anwendungsspezifische Anpassungen zu implementieren. DEAP unterstützt verschiedene evolutionäre Ansätze, wie klassische Genetische Algorithmen, dargestellt durch binäre oder komplexere Genome, Genetische Programmierung mit Baum-Modellierung oder Evolutionsstrategien. Die Modellierung der Individuen kann durch eigene Implementierungen beliebig auf das Problem angepasst werden.

2.3 Optuna

Neben den evolutionären Algorithmen in DEAP wurde noch eine weitere Optimierungsbibliothek verwendet. In der Optimierung mit evolutionären Algorithmen wird eine Zielfunktion auf jedem Individuum einer Population ausgeführt. Bei kostenintensiven Bewertungsfunktionen kann sich daraus eine hohe Rechenzeit ergeben. *Optuna* ist ein Optimierungs-Framework, entwickelt von *Preferred Networks, Inc.*, mit dem Ziel Hyperparameter in Deep Learning Anwendungen automatisch zu optimieren [1]. Ein Beispiel hierfür wäre etwa die Anzahl von Neuronen und Ebenen in einem neuronalen Netzwerk. In der Optimierung mit dieser Bibliothek wird eine Zielfunktion in jeder Iteration nur ein einziges Mal aufgerufen. Dadurch können mehr Iterationen durchgeführt werden. In einem Iterationsschritt nutzt Optuna Sampling-Algorithmen, um aus dem Suchraum eine möglichst gute Belegung zu finden. Diese Arbeit untersucht, ob sich hiermit bessere Lösungen für das gegebene Optimierungsproblem finden lassen.

In der Nutzung zeichnet sich Optuna durch umfangreiche Funktionen bei einer leicht zu nutzenden Schnittstelle aus. Somit muss nur wenig zusätzlicher Code zur bestehenden Anwendung geschrieben werden. Darüber hinaus beinhaltet Optuna eine Vielzahl von Parameter-Sampling-Algorithmen und Pruner-Strategien sowie interne Visualisierungsmöglichkeiten. Durch diese Features lassen sich Optimierungsversuche schnell aufsetzen und durch Features wie Pruner oder Parallelisierung effizient durchführen. Bei dem *Pruning* werden wenig vielversprechende Versuche frühzeitig erkannt und abgebrochen, um dadurch Rechenzeit zu sparen. Mit Optuna werden Variabel-Belegungen aus einem möglichen Suchraum getestet. Die Auswahl der Variabel-Belegung basiert auf dem jeweiligen Sampling-Algorithmus. Hierfür stehen verschiedene Varianten zur Verfügung. Parameterbelegungen können zufällig gewählt werden (*Random Sampling*) oder durch komplexere Algorithmen wie etwa *Tree-structured Parzan Estimator Sampling* (TPE) [92]. Neben rein probabilistischen Samplern werden auch Sampler basierend auf evolutionären Algorithmen bereitgestellt, wie NSGA (*Nondominated Sorting Genetic Algorithm*)-Samplern [26][27] oder *CmaEs* (*Covariance matrix adaptation Evolution strategy*)-Sampler [39].

Mit Optuna ist für jeden Optimierungsschritt nur ein Aufruf der Zielfunktion nötig. Dies kann im Vergleich zu evolutionären Algorithmen die Laufzeit einer Iteration stark reduzieren. In diesen wird wird die Zielfunktion auf jedem Individuum einer Population ausgeführt. Bei kostenintensiven Bewertungsfunktionen kann sich dadurch eine hohe Rechenzeit ergeben. Aus diesem Grund wurde neben den evolutionären Algorithmen eine Testreihe mit der Optuna-Bibliothek durchgeführt. Ursprünglich ist Optuna auf die Optimierung der Hyperparameter in Machine Learning-Kontexten ausgelegt. DEAP ist dagegen für allgemeine Optimierungsprobleme gedacht. Abhängig von der Einstellung können für die Evolutionären Algorithmen deutlich mehr Evaluationsfunktions-Aufrufe benötigt werden. Ein Vorteil von Optuna ist die bereits vorhandene Visualisierung durch das Optuna Dashboard. Bei der Nutzung von DEAP muss eine eigene Visualisierung implementiert werden. Die offizielle Dokumentation für Optuna[2] ist übersichtlicher gestaltet und enthält Informationen zu den einzelnen Algorithmen. Dies wird durch Verweise auf Paper zu den Algorithmen unterstützt. Die Dokumentation zu DEAP[3] besteht zu einem großen Teil aus Tutorials. Funktionen und Klassen werden weniger ausführlich erläutert als in der Optuna-Dokumentation.

DEAP und Optuna haben unterschiedliche Herangehensweisen, um Optimierungsprobleme zu lösen. Mit beiden Bibliotheken wurde jeweils eine Versuchsreihe durchgeführt, in der die jeweiligen konfigurierbaren Mechanismen getestet wurden, um abschließend eine ausführliche Suche nach optimierten Vorverarbeitungsketten durchzuführen.

---

[2] https://optuna.readthedocs.io/en/stable/reference/index.html, zuletzt geöffnet: 18.12.2024

[3] https://deap.readthedocs.io/en/master/index.html, zuletzt geöffnet: 18.12.2024

2.4 Datensätze

In diesem Abschnitt werden die Datensätze vorgestellt, die zur Untersuchung der Störempfindlichkeit und für die Optimierungsversuche genutzt werden.

Es existieren eine Vielzahl von Audiodatensätzen für unterschiedliche Zwecke im Bereich des Machine Learning. So gibt es Datensätze zum Trainieren von *Text-To-speech* (TTS)-Modellen oder ASR-Modellen wie etwa *Mozilla Common Voice* [6], *lf_speech* [45], *LibriTTS* [99] oder *Voice Cloning Toolkit* [90]. Viele dieser Datensätze enthalten hauptsächlich englischsprachige Audiodateien und Transkripte dazu. Eine umfassende Untersuchung der Whisper-Modelle für deutschsprachige Audioaufnahmen wurden allerdings noch nicht durchgeführt. Ebenfalls liegt im LABORATORIUM-Projekt der Fokus auf Gesprächen in deutscher Sprache. Der Mozilla Common Voice-Datensatz enthält umfassende deutschsprachige Daten. Allerdings setzt sich dieser Datensatz aus Aufnahmen zusammen, die von einer großen Community zur Verfügung gestellt wurden. Daher variiert die Qualität der Aufzeichnung stark. So sind Audiodateien mit erheblichen Qualitätsunterschieden enthalten. In einige dieser Aufnahmen sind bereits Störgeräusche enthalten. Da in der Analyse und Evaluation Störgeräusche eingefügt und bestmöglich herausgefiltert werden sollen, eignen sich solche schon grundsätzlich gestörten Aufnahmen nicht, um den Einfluss von zusätzlichen Störgeräuschen zu untersuchen. Aus diesen Gründen wurden drei alternative Datensätze in deutscher Sprache ausgewählt. Zwei der verwendeten Datensätze enthalten Aufnahmen von Hörbüchern. Solche Aufnahmen werden meistens in kontrollierten Umgebungen mit wenig Störgeräuschen und guter Verständlichkeit der Sprache produziert. Somit kann der Einfluss von nachträglich hinzugefügten Störgeräuschen auf die Transkription unabhängig von etwaigen vorher existieren Störsignalen evaluiert werden. Der dritte Datensatz wurde für das Training von Text-To-Speech-Modellen zusammengestellt. Auch hierfür eignen sich störfreie Audiosignale besser, weshalb auch für diesen Datensatz ausgegangen werden kann, dass dieser wenig ursprüngliche Störeinflüsse enthält. Ein weiterer Datensatz wurde mittels Text-To-Speech generiert. Die Texte der generierten Sätze wurden einem der anderen Datensätze entnommen. Diese Datensätze sind in den folgenden Abschnitten beschrieben.

CSS10

Der Datensatz *Collection of Single Speaker Speech Dataset for 10 Languages* (CSS10) [64] basiert auf Hörbüchern aus der *LibriVox*-Bibliothek[4]. Dies ist eine freie Sammlung von Hörbüchern, gelesen von Freiwilligen, vorwiegend in

[4] https://librivox.org/pages/about-librivox/, zuletzt geöffnet: 18.12.2024

englischer Sprache. Hörbücher bieten für Text-To-Speech-Training den Vorteil, dass diese oft von einer einzelnen Person gelesen werden. Da Bücher eine gewisse Länge aufweisen, sind selbst für Sprecher, die nur ein Buch gelesen haben, ausreichend Trainingsdaten für Modelle vorhanden. Die Sammlung der Hörbücher in dem Datensatz CSS10 wurde von Hand kuriert. Für die Aufnahme in den Datensatz ist die öffentliche Verfügbarkeit des Textmaterials und die Audioqualität ausschlaggebend gewesen. Die Texte und das Audiomaterial wurden leicht vorverarbeitet. Dabei wurden die Aufnahmen in etwa zehn Sekunden lange Abschnitte unterteilt und der Text von Sonderzeichen bereinigt. Anschließend wurden die Audioaufnahmen unterteilt. Als Trennpunkte wurden Pausen in den Audioaufnahmen gewählt, die länger als 0,5 Sekunden sind. Bei diese Trennweise wurde nicht sichergestellt, dass logisch, wie etwa nach Sätzen, unterteilt wurde.

Für die Analysen und Evaluationen in dieser Arbeit wurden eines der deutschsprachigen Hörbücher verwendet. Bei diesem handelt es such um das Buch „*Auswahl aus Die Serapionsbrüder*“ von E.T.A. Hoffmann. Gelesen wurde dieses Buch von einer einzelnen weiblich klingenden Person. Es hat eine Spieldauer von 3:44 Stunden und ist in 1.718 Dateien unterteilt. Durchschnittlich ergibt sich so eine Dauer von 7,8 Sekunden pro Datei. Die Auswahl wurde auf ein Buch beschränkt um die Rechenzeit zu reduzieren.

LibriVoxDeEn

Der Datensatz *LibriVoxDeEn* [12] wurde zum Trainieren von KI-Modellen zur Übersetzung zwischen Deutsch und Englisch von Forschenden der Universität Heidelberg erstellt. Er besteht aus über 50.000 Sätzen deutschsprachiger Audio mit dazugehörigem deutschen Text sowie englischsprachiger Übersetzung. Die Daten wurden, ebenso wie CSS10-Datensatz, von Hörbüchern aus der LibriVox-Bibliothek bezogen. Auswahlkriterium dafür war die öffentliche Verfügbarkeit der deutschen Texte der Hörbücher in Schriftform. Diese Audiodaten wurden in kurze Abschnitte unterteilt und mit den entsprechenden Texten gepaart. Die Texte wurden vorverarbeitet, um Sonderzeichen zu entfernen.

Für Evaluation und Analyse wurde das Hörbuch „*Der Maigraf*“ von Otto Roquette zufällig ausgewählt, um die Berechnungszeiten zu reduzieren. Dies verhindert auch, dass sich Daten aus dem CSS10-Datensatz und dem LibriVoxDeEn-Datensatz überschneiden, da das gewählte Hörbuch nicht in CSS10 enthalten ist. Das Hörbuch umfasst 1.520 Dateien mit einer Gesamtlaufzeit von 3:40 Stunden und wurde von einer weiblichen Sprecherin gelesen. Für die einzelnen Dateien ergibt sich somit eine Durschnittsdauer von 8,68 Sekunden.

Thorsten-Voice

Der Datensatz *Thorsten-Voice* [59] ist ein Datensatz von kurzen Sätzen und Ausrufen, aufgenommen von Thorsten Müller. Müller hat diesen Datensatz zum Trainieren von Text-To-Speech-Modellen aufgenommen und öffentlich zur Verfügung gestellt. Begonnen wurde der Datensatz zunächst als Hobbyprojekt, fand allerdings schnell positiven Anklang in der Mycroft AI Community[5] und wurde zu einem umfangreichen Datensatz für deutsche Text-To-Speech-Modelle erweitert. Die Texte der eingesprochenen Sätze und Phrasen stammen aus dem Datensatz Mozilla Common Voice[6], der Mycroft AI Community und wurden um eigene Texte des Autors erweitert.

Der Datensatz umfasst 22.668 Dateien mit einer Gesamtlaufzeit von über 23 Stunden. Die eingesprochenen Phrasen sind durchschnittlich 52 Zeichen lang, enthalten aber auch deutlich kürzere Ausrufe, wie etwa einzelne Wörter (ID „5d12b75cf29cfd720f323167e0bddad3“: „alle“). Der Datensatz ist in einen Trainings- und einen Test-Anteil aufgeteilt. Für Analyse und Evaluation wurde der Test-Anteil verwendet, der 2.670 Dateien umfasst. Diese ergeben eine Gesamtdauer von 2:40 Stunden. Im Mittel ist eine Datei dabei 3,59 Sekunden lang.

TTS

Da alle anderen ausgewählten Datensätze Mikrofonaufnahmen von freiwilligen Sprechern enthalten, ist die Qualität der Audiodateien nicht gesichert und variiert, auch wenn die Ersteller der Datensätze diese jeweils manuell ausgesucht haben. Die Daten können Frequenzen enthalten, die für Whisper entscheidend die Transkription beeinflussen. Um einen Datensatz mit theoretisch perfekter Audioqualität, frei von jeglichen Störgeräuschen, zu testen, wurde ein neuer Datensatz basierend auf dem Thorsten-Voice-Datensatz mittels Text-To-Speech generiert. Die Idee, ASR-Trainingsdaten mittels TTS zu generieren, wurde bereits erfolgreich getestet [52][75].

Der Thorsten-Voice-Datensatz wurde als Grundlage für diesen neuen Datensatz gewählt, weil die enthaltenen Phrasen sehr unterschiedlich in ihrer Länge sind. Da die in CSS10 enthaltenen Phrasen nicht unbedingt logisch getrennt sind, ist es möglich, dass die Phrasen mitten in einem Satz beginnen oder enden. Daraus generierte Audiodateien könnten zu unnatürlichen Betonungen durch das Sprachmodell führen. Daher wurden diese Texte nicht gewählt. Der LibriVox-Datensatz umfasst klar getrennte Sätze, allerdings ist die Zeichensetzung in den Referenztexten irregulär und könnte somit auch zu unnatürlichen Betonungen führen.

---

[5] https://community.openconversational.ai, zuletzt geöffnet: 18.12.2024

[6] https://commonvoice.mozilla.org/de, zuletzt geöffnet: 18.12.2024

Alle ausgewählten Phrasen wurden mit einem Text-To-Speech-Modell generiert. Dafür wurde die Python-Bibliothek *edge-tts*[7] verwendet. Diese Bibliothek stellt eine Verbindung zu *Microsoft Edge* Text-To-Speech-Funktionen her und bietet die Möglichkeit verschiedene fertige Sprachmodelle zu nutzen. Für alle in dieser Arbeit generierten Audiodateien wurde das Modell „de-DE-FlorianMultilingualNeural" verwendet. Bei diesem Modell handelt es sich um eine männlich klingende Stimme. Die Herkunft der Trainingsdaten für dieses Modell ist nicht öffentlich bekannt.

In der Theorie sind die generierten Audiodateien frei von Audioartefakten, wie etwa Hintergrundgeräusche oder Rauschen. Auch ist für jede Aufnahme eine gleiche „Mikrofonierung" anzunehmen. Es resultieren somit keine Unterschiede von unterschiedlichen „Sprechern" oder Inkonsistenzen durch verschiedene Aufnahmesitzungen. Dies kann durchaus einen Einfluss auf ein Transkript haben, wie schon von Haton [41] erwähnt. Somit wurde erwartet, dass für diesen Datensatz die geringsten Fehlerraten in der Transkription ergeben.

Da dieser Datensatz auf der gleichen Auswahl an Phrasen wie der Thorsten-Voice-Datensatz basiert, umfasst auch dieser Datensatz 2.670 Audiodateien. Die Gesamtlaufzeit summiert sich auf 2:29 Stunden. Die Differenz zum Thorsten-Voice-Datensatz lässt sich dadurch erklären, dass das Sprachmodell einen anderen Sprachduktus hat als der Sprecher des reellen Datensatzes. Dies ist beispielsweise in den Spektrogrammen in Abbildung 3.8 zu erkennen. Die Audiodateien des gleichen Textes sind unterschiedlich lang. Somit liegt auch die durchschnittliche Länge einer Datei etwas niedriger bei 3,34 Sekunden.

Für alle der genutzten Datensätze liegen die Audiodateien mit einer Samplerate von 22.050 Hz vor. Somit können alle Datensätze gleich verarbeitet werden, ohne auf unterschiedliche Sampleraten achten zu müssen. Die Datensätze haben eine vergleichbare mittlere Lautstärke, gemessen an der Metrik *RMS dB* (Root Mean Square). RMS dB beschreibt die mittlere Energie eines Signals. Die Werte liegen zwischen −24,53 dB für den TTS-Datensatz und −28,14 dB für den CSS10-Datensatz. Höhere Werte beschreiben ein lauteres Signal. Die Werte wurden mit Hilfe der Python-Bibliothek *librosa* [50] bestimmt. Für den Thorsten-Voice-Datensatz ist eine Normalisierung der Aufnahmen auf −24 dB angegeben. Die Berechnung mit Librosa ergab einen RMS-Wert von −25,57 dB und liegt somit dicht an dem angegebenen Wert.

[7] https://github.com/rany2/edge-tts/, zuletzt geöffnet: 18.12.2024

2.5 CoSy-Audiosystem

In diesem Abschnitt wird das Audiosystem von CoSy beschrieben. Dazu wird erläutert, wie ein Gespräch aufgezeichnet und in CoSy verarbeitet wird. Es werden die Bestandteile der Verarbeitung erklärt.

Die in dieser Arbeit genutzte Verarbeitungsmethode für Audiodateien basiert auf dem Audiosystem, welches in CoSy implementiert ist. Damit in der CoSy-Anwendung Audiosignale der Gesprächsteilnehmenden genutzt werden können, müssen die sprechenden Personen aufgezeichnet werden. Dazu werden kleine Mikrofone genutzt, die mittels eines Magneten oder Clips an der Kleidung nahe des Kopfes der Personen befestigt werden können. Jede beteiligte Person bekommt ein eigenes Mikrofon. In der Entwicklung von CoSy wurden dazu kabellose Mikrofone der Marke DJI verwendet, welche die Audiosignale drahtlos an einen Empfänger übertragen. Der Empfänger ist mit dem CoSy-Laptop verbunden ist. An die Software wird von dem Empfänger ein Mehrkanalsignal geliefert, wobei jeder Kanal das Signal eines Mikrofons einer sprechenden Person enthält. Die Signale werden in der Software durch Audioplugins verarbeitet. Audioplugins sind Softwares, die für die Verarbeitung von Audiosignalen genutzt werden. Eine solche Software kann eine oder mehrere Signalverarbeitungsfunktionen auf dem Audiosignal ausführen. Als Plugin werden diese Softwares bezeichnet, wenn sie innerhalb einer anderen Host-Software genutzt werden können. Dies ist beispielsweise in der Musikproduktion der Fall. In den Plugins befinden sich in der Regel Einstellungsmöglichkeiten für die Funktion. Diese Einstellungen werden als Parameter bezeichnet. Je nach Funktion des Plugins kann die Anzahl der einstellbaren Parameter schwanken. Audioplugins liegen meist im weit verbreiteten *VST3*-Format (Virtual Studio Technology) oder im *AU*-Format (Audio Unit) vor [5][82]. VST ist ein von der Firma Steinberg Media Technologies entwickelter Standard als Schnittstelle für Audioplugins und ist kompatibel mit Windows, Mac und Linux-Systemen. AU ist ein von Apple entwickelter Standard und ausschließlich auf Mac-Geräte verwendbar. Für die Audioverarbeitung in CoSy wurden Plugins in VST3- und AU-Format verwendet, da nicht für alle Plugins eine Version in AU-Format verfügbar war. Dies ist möglich, da CoSy für die Nutzung auf Mac-Computern entwickelt wurde.

Host-Softwares sind beispielsweise *Digital Audio Workstations* (DAW). Für CoSy wurde ein Plugin-Host auf Basis des *JUCE*-Framework entwickelt [51]. JUCE (*Jules' Utility Class Extensions*) ist ein seit 2004 bestehendes Open-Source-Framework zur Entwicklung von Audio-Anwendungen und Plugins. Dieser Plugin-Host ist ein eigenständiges Programm, welches ein Audioplugin mit einer vorgegebenen Parameter-Konfiguration oder einem JUCE-eigenen Plugin-*State* laden kann. Der State beschreibt die Belegung aller Parameter des Plugins. Der Host wird genutzt, um eine Plugin-Kette sequentiell mit den entsprechenden Parameter-Belegungen auf ein Audioaufnahme anzuwenden.

Für die Verarbeitung der Audiodateien in den Tests dieser Arbeit wurde der Plugin-Host aus der CoSy-Anwendung verwendet.

3 Störempfindlichkeitsanalyse

In diesem Kapitel wird die Störempfindlichkeit der Whisper-Modelle untersucht. Zunächst wird der Aufbau der Tests sowie die Generierung der gestörten Daten beschrieben. Anschließend werden die gewonnenen Daten analysiert. Abschließend werden die Ergebnisse diskutiert und eingeordnet.

Mit steigendem Anteil an Störgeräuschen im Audiosignal blieben die Transkripte von Whisper genauerer als die der anderen getesteten Modelle. Im Vergleich zu anderen getesteten ASR-Modellen lag die Genauigkeit von Whisper bei einem geringen Störanteil unter der Genauigkeit der anderen Modelle. Diese Modelle wurden allerdings auf dem getesteten Datensatz *LibriSpeech* [62] bereits trainiert. Für einen hohen Rauschanteil in den Aufnahmen konnte Whisper niedrigere Word Error Raten erzielen. Auch andere Arbeiten beschränken die Analysen auf weißes Rauschen und Störgeräusche vergleichbar mit den Bar-Geräuschen aus der Analyse von Radford et al. [14][70]

In dieser Arbeit wird die Transkriptgüte der Whisper-Modelle ausführlich in Bezug auf weitere Arten von Störgeräuschen untersucht, wie sie auch in Aufzeichnungen von CoSy auftreten können. Solch eine umfassende Analyse wurde bisher nicht veröffentlicht.

Ergänzende Information Die elektronische Version dieses Kapitels enthält Zusatzmaterial, auf das über folgenden Link zugegriffen werden kann https://doi.org/10.1007/978-3-658-50048-1_3.

J. Behnke, *Automatische Optimierung von Audiosignalen für Transkription mit Evolutionären Algorithmen und Machine Learning*, BestMasters,
https://doi.org/10.1007/978-3-658-50048-1_3

3.1 Aufbau

In diesem Abschnitt wird die Vorgehensweise für die Störanfälligkeitsanalyse beschrieben. Dabei wird auf die Generierung der gestörten Daten eingegangen.

Um die Geräuschanfälligkeit der verschiedenen Whisper-Modelle zu untersuchen, wurden zunächst gestörte Daten erzeugt. Dazu wurde auf das Tool zur Erzeugung des *MS-SNSD*-Datensatz [73] zurückgegriffen. Der MS-SNSD-Datensatz ist ein von Microsoft zusammengestellter Datensatz, um Deep Neural Networks zum Unterdrücken von Störgeräuschen zu trainieren. Die Besonderheit dabei ist, dass dieser Datensatz als unendlich-skalierbar entworfen wurde. Dies wird dadurch gewährleistet, dass mit dem erwähnten Tool beliebige Mischungen von Ausgangsdaten und Störgeräuschen in beliebigen Rauschabständen erzeugt werden können. Der *Rausch-Signal-Abstand* oder auch *Signal-To-Noise-Ratio* (SNR) ist eine häufig genutzte Metrik [66] im Bereich der Audioverarbeitung als Maß für die Güte eines Audiosignals. SNR wird auch in anderen Signalverarbeitungskontexten verwendet. Die Metrik gibt das Verhältnis der Leistung zwischen Nutzsignal und Störgeräusch an. Die SNR kann als Pegel in dB angegeben werden, um große Wertebereiche logarithmisch in einen kleineren Wertebereich abzubilden. Berechnet wird dies durch die Formel

$$SNR = \frac{Signalleistung}{Rauschleistung} \text{ oder } SNR = 10\,lg\left(\frac{Signalleistung}{Rauschleistung}\right) dB \tag{3.1}$$

Für die Generierung der gestörten Daten stehen in den Projektdaten des MS-SNSD-Datensatz Störgeräusche aus 13 unterschiedlicher Kategorien zur Verfügung. Dies sind beispielsweise Aufnahmen von Klimaanlagen, Türen schließen und Tastaturtippen. Insgesamt sind 13 verschiedene Kategorien enthalten. Eine Auswahl von Geräuschtypen ist anhand von Beispielen in Abbildung 3.1 in Form von Spektrogrammen dargestellt. Jede Kategorie enthält mehrere mehrere Aufnahmen der jeweiligen Störgeräuschtyps.

Für die Analysen in dieser Arbeit wurden die Störgeräusche um reines Rauschen erweitert. Dafür wurde die Software *Audacity*[1] genutzt, um 15 Sekunden lange Audiodateien mit jeweils weißem, pinkem und braunem Rauschen zu erzeugen. Die unterschiedlichen Farben stehen im Sprachgebrauch für unterschiedliche Verteilungen der Frequenzen im jeweiligen Frequenzspektrum[21]. Bei weißem Rauschen etwa sind die Energien für alle Frequenzen gleichverteilt, mathematisch ausgedrückt durch $S(f) = k$. Hierbei bezeichnet $S(f)$ die Leistungsdichte abhängig von der

[1] https://www.audacityteam.org, zuletzt geöffnet: 18.12.2024

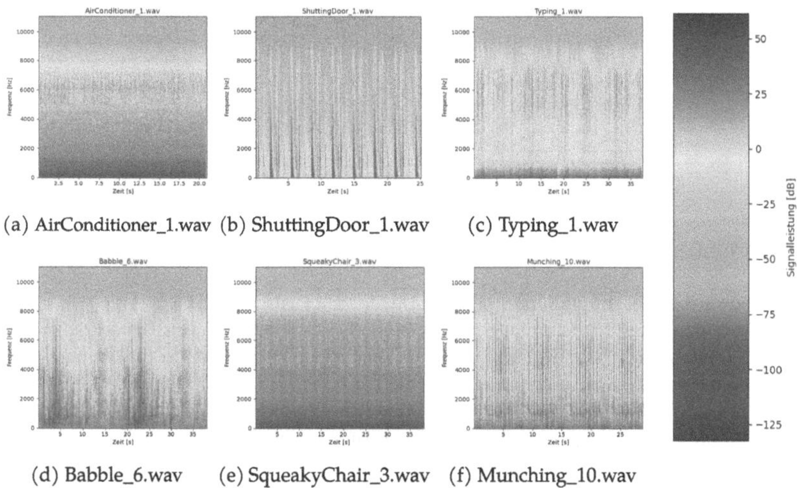

(a) AirConditioner_1.wav (b) ShuttingDoor_1.wav (c) Typing_1.wav

(d) Babble_6.wav (e) SqueakyChair_3.wav (f) Munching_10.wav

Abbildung 3.1 Spektrogramme einiger Geräuschaudiodateien aus dem MS-SNSD. Klimaanlagen (a)) haben durchgehend eine gleichbleibende Frequenzverteilung mit einem Fokus auf tiefen Frequenzen. Türenschließen (b)), Tippen (c)) und Essgeräusche (f)) weisen diskrete Geräusche auf, erkennbar an den roten senkrechten Bereichen. Quietschende Stühle (e)) zeichnen sich durch ein ähnliches Spektrogramm aus, die Frequenzen sind allerdings gleichmäßiger verteilt. Gebrabbel (d)) beinhaltet differenzierbare Hintergrundgespräche, bei dem zu manchen Zeitpunkten lauter und mit unterschiedlichen Frequenzen gesprochen wird. Dies entspricht einer Aufnahme an einem belebten Ort, beispielsweise in einer Bar

Frequenz f. k beschreibt im Fall des weißen Rauschens einen konstanten Wert. Bei braunem und pinkem Rauschen sind tiefe Frequenzen mit höherer Energie – sprich Lautstärke – vertreten als hohe Frequenzen, wobei sich beide durch den Gradienten in der Verteilung unterscheiden. Dies wird durch die Formeln $S(f) = 1/f^2$ für braunes Rauschen und $S(f) = 1/f$ für pinkes Rauschen ausgedrückt. Beispielhafte Spektrogramme für diese drei Rauscharten sind in Abbildung 3.2 dargestellt.

Die verschiedenen Störgeräusche wurden mit dem MS-SNSD-Tool in die Audiodateien der vier Datensätze gemischt. Dabei wurden SNR-Level von 40 dB bis −10 dB zwischen Ursprungssignal und Störgeräusch in Schritten von 5 dB generiert. 40 dB Rauschabstand bedeutet, dass das Signal der Ausgangs-Audiodateien 40 dB lauter ist als das Störgeräusch. Bei −10 dB Rauschabstand ist das Störgeräusch lauter als das Nutzsignal. Diese SNR-Level entsprechen den von Radford et al. getesteten Rauschabständen.

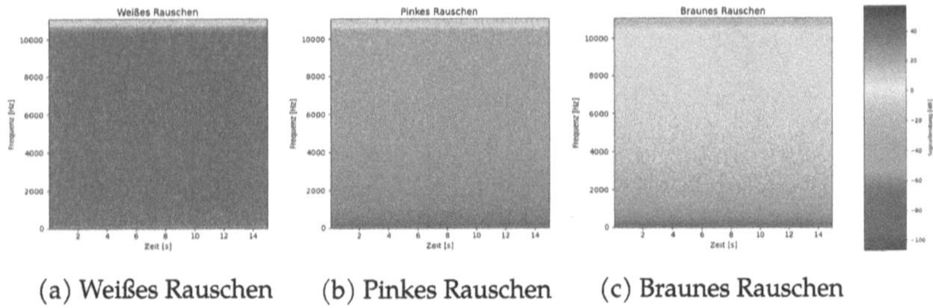

(a) Weißes Rauschen (b) Pinkes Rauschen (c) Braunes Rauschen

Abbildung 3.2 Spektrogramme von unterschiedlichen Rauschtypen.
Die Abbildung zeigt die Verteilung der Energien bei unterschiedlichen Rauschtypen. Bei weißem Rauschen sind alle Frequenzen mit gleicher Energie vertreten, bei pinkem und braunem Rauschen sind tiefere Frequenzen präsenter als hohe. Diese unterscheiden sich in ihrem Gradienten. Bei braunem Rauschen sind im Vergleich zu pinkem Rauschen hohe Frequenzen noch weniger vertreten als niedrige. Ausgedrückt wird dies durch die Formeln $S(f) = k$ (weißes Rauschen, a)), $S(f) = 1/f$ (Pinkes Rauschen, b)) und $S(f) = 1/f^2$ (braunes Rauschen, c))

Das MS-SNSD-Tool wurde der Audio Degradation Toolbox aus der Arbeit von Radford et al. vorgezogen, da es handlicher zu benutzen ist. Für die ADT muss zunächst eine Konfiguration für jedes Störgeräusch angelegt werden und auf alle Dateien einzeln angewandt werden. Mit dem MS-SNSD-Tool können sämtliche Dateien auf einmal generiert werden.

Die generierten Dateien sind unterteilt nach Datensatz und Art der Störgeräusche. Für jeden Störgeräuschtyp wurden separat alle SNR-Level generiert.

Die verschiedene Datensätze sind aus unterschiedlichen Quellen zusammengesetzt. Daher sind die Ausgangstexte nicht nach den gleichen Regeln formatiert sind. In dem Datensatz CSS10 etwa sind Sonderzeichen, wie beispielsweise die Anführungszeichen „»«“ enthalten, die Whisper nicht transkribiert. Dies kann daraus resultieren, dass die Texte in CSS10 aus älteren Büchern entnommen wurden, bei denen andere Rechtschreibregeln galten. Whisper wurde dagegen auf normalisierten Texten trainiert wurde. *Textnormalisierung* beschreibt den Vorgang unterschiedliche Texte durch Umformungen in ein standardisiertes Format zu bringen. Dabei werden beispielsweise bestehen Satzzeichen zu entfernt und alle Buchstaben in Kleinbuchstaben zu überführt. Um einen fairen Vergleich zu gewährleisten, werden in dieser Arbeit sowohl die Referenztexte als auch die Transkripte vor der Berechnung der WER normalisiert. Dabei wird sich an der Textnormalisierung orientiert, die auch von Radford et al. [68] im Training von Whisper genutzt wurde. Die genaue Implementierung der Textnormalisierung ist im Anhang im elektronischen Zusatzmaterial zu finden.

3.2 Ergebnisse

In diesem Abschnitt werden die Ergebnisse der Störempfindlichkeitsanalyse vorgestellt. Dazu wird zunächst ein Blick auf die Störempfindlichkeit aller Whisper-Modelle geworfen. Anschließend wird die Empfindlichkeit des *medium*-Modell genauer hervorgehoben.

Die Dateien der Datensätze wurden durch alle verfügbaren Whisper-Modelle transkribiert und die Ergebnisse verglichen. Aus dieser Darstellung kann ein Überblick entnommen werden, wie sich die unterschiedlichen Whisper-Modelle zueinander bei verschiedenen Signal-Rausch-Abständen verhalten. Alle Berechnungen in dieser Arbeit wurden auf diversen Apple-Computern ausgeführt. Eine Liste der verwendeten Geräte ist im Anhang im elektronischen Zusatzmaterial zu finden.

In Abbildung 3.3 werden die Word Error Raten der einzelnen Whisper-Modelle in Abhängigkeit von dem Rauschabstand abgebildet. Dabei wurden die Fehlerraten über alle Geräuschtypen gemittelt. Es fällt auf, dass die Unterschiede in der Transkriptgüte für den Thorsten-Voice-Datensatz am stärksten variierten. Für diesen Datensatz fielen die Transkripte von allen vier getesteten Datensätzen dazu am ungenauesten aus. Das *tiny*-Modell erreicht gemittelt nur eine Word Error Rate von 0,797, die *large*-Modellvarianten gemittelt 0,135 WER. Auf dem von diesem abgeleiteten TTS-Datensatz wurden deutlich niedrigere Fehlerraten erzielt. Mit dem *tiny*-Modell sind durchschnittlich noch eine WER von 0,319 erreicht worden und für die *large*-Varianten eine mittlere Fehlerrate von 0,042.

Auf den CSS10- und LibriVox-Datensätzen wurden von allen Whisper-Modellen sehr ähnliche Word Error Raten erzielt. Grundsätzlich zeigte sich für alle Datensätze und Modelle: Ein höherer Rauschabstand führt zu einer niedrigeren Fehlerrate. Allerdings erscheint kein linearer Zusammenhang zwischen Rauschabstand und Fehlerrate zu bestehen. Auch für die verschiedenen Datensätze verhalten sich die Kurven der Fehlerraten nicht vollständig gleich zueinander. Für einen Sprung von 10 dB im Signal-Rausch-Abstand von 40 dB zu 30 dB lagen die WER für alle Datensätze und Whisper-Modelle wenige Prozentpunkte auseinander. Der größte Unterschied trat mit 0,0108 WER für den Thorsten-Voice-Datensatz auf. Für die anderen drei Datensätze lag die Differenz jeweils unterhalb von 1 % WER. Bei einem gleichgroßen Sprung zwischen –10 dB und 0 dB war trotz gleicher Differenz in SNR ein deutlicher Unterschied in Word Error Rate erkennbar. Auf dem Thorsten-Voice-Datensatz wurd ebenfalls für diese SNR-Level der größte absolute Unterschied mit 0,456 festgestellt. Prozentual betrachtet, ist diese allerdings nicht die größte Differenz. Durchschnittlich erreichte Whisper über alle Modelle für –10dB Rauschabstand auf dem CSS10-Datensatz eine WER von 0,572 und für 0 dB eine WER von 0,314. Das ist ein prozentualer Unterschied von 54,8 %. Für LibriVox und Thorsten-Voice liegen die relativen Verbesserungen bei 51 %. Auf dem

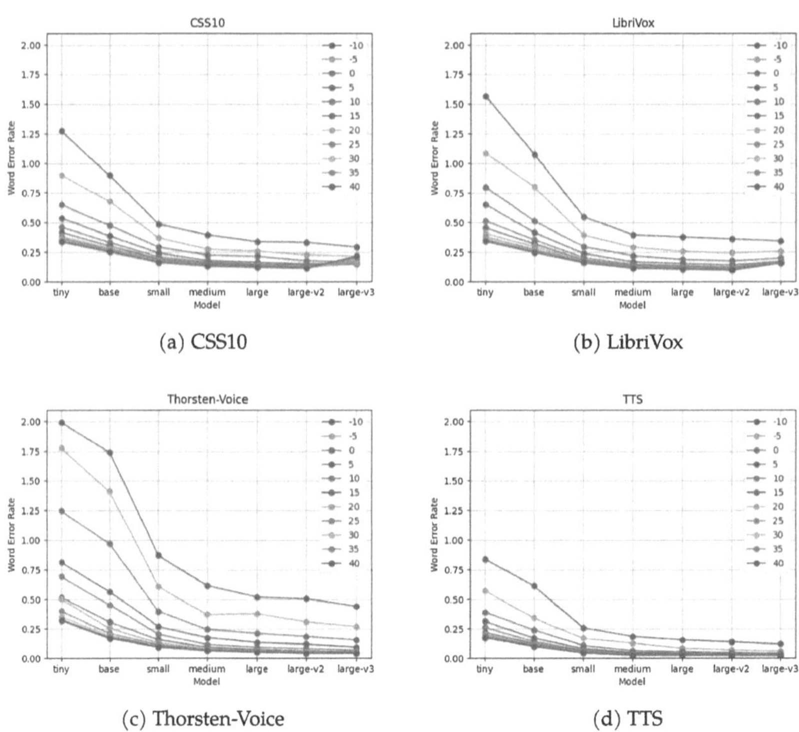

(a) CSS10 (b) LibriVox

(c) Thorsten-Voice (d) TTS

Abbildung 3.3 WER über Whisper-Modelle abhängig von SNR-Level.
Entwicklung der WER auf den verschiedenen Datensätzen, abhängig von dem SNR-Level der Störgeräusche (gemittelt über alle Geräuscharten). Es ist ersichtlich, dass für SNR-Level von 30 dB bis 40 dB kaum Unterschiede zu erkennen sind. Für alle SNR-Level sinkt die WER mit größeren Modellen. Ausnahmen sind für *large-v3* auf den Datensätzen CSS10 und Librivox bei höheren SNR-Leveln zu erkennen. Dort steigen die Fehlerraten im Vergleich zu dem *large-v2*-Modell

TTS-Datensatz wurden mit 0,329 bei −10 dB SNR und 0,134 bei 0 dB die niedrigsten Word Error Rates erzielt. Insgesamt lagen die WER auf dem TTS-Datensatz auf dem niedrigsten Niveau für alle Modelle und Rauschabstände.

Für jeden Datensatz und Rauschabstand war zwischen den Modellen *base* und *small* der größte Sprung in Word Error Rate festzustellen. Über alle Datensätze gemittelt lag der Unterschied von dem *base*-Modell zum *small*-Modell in einer relativen Verbesserung von 47,6 %.

Auffällig ist, dass für die Transkripte mit dem *large-v3*-Modell die WER auf den Datensätzen CSS10 und LibriVox im Vergleich zu den anderen *large*-Varianten anstieg. Dies war für höheren Rauschabstand ausgeprägter als für niedrigen Rauschabstand. Im Vergleich zum *large-v2* Modell stieg die WER um gemittelt 4,7 % WER an. Für einen Rauschabstand von 40 dB lag die Differenz bei 9,4 % WER. Dies war nicht der Fall für den Thorsten-Voice- oder Text-To-Speech-Datensatz. Die erreichte Güte lag nur noch zwischen 0,16 bis 0,21 WER und entsprach somit nur noch etwa dem *large-v2*-Modell bei einem Rauschabstand von 0 dB bis –5 dB oder dem *small*-Modell bei gleichem Rauschabstand (CSS10-Datensatz). Für einen hohen Rauschanteil war das *large-v3*-Modell leicht besser als die anderen *large*-Varianten.

Das *tiny* und die *large*-Modelle verhielten sich in Abhängigkeit zu den unterschiedlichen Rauschabständen gleich. Das *tiny*-Modell lieferte für jedes SNR-Level etwa 4,5-mal höhere WER-Werte als ein *large*-Modell. Für –10 dB SNR und 30 dB bis 40 dB SNR lag der Faktor bei nur etwa 4,1, für ein SNR von 0 dB bis 10 dB bei etwa 4,95.

Gemittelt über alle Datensätze und Rauschabstände lag die durchschnittliche SNR des *medium*-Modells mit 0,149 WER nur knapp über den mittleren WER der *large*-Varianten mit 0,129.

In Abbildung 3.4 werden die verschiedenen Störgeräusche einzeln für jeden Datensatz aufgeschlüsselt. Es ist erkennbar, dass die gleichen Störgeräuschtypen auf den unterschiedlichen Datensätzen einen ähnlichen Einfluss auf die Word Error Rate hatten. Geräusche der Klassen braunes Rauschen, Umgebungsgeräusche oder Türenschließen resultierten auf allen Datensätzen für alle SNR-Level in den niedrigsten Fehlerraten. Die schlechtesten Transkripte stammten aus Aufnahmen, die durch Gebrabbel, Kopierer oder pinkes Rauschen gestört wurden. Es fällt auf, dass die Kurven für weißes Rauschen und Staubsauger sich beinahe identisch für alle getesteten Datensätzen verhielten. Dies legt den Gedanken nahe, dass sich das Spektrum eines Staubsaugergeräusch nicht sonderlich von dem Spektrum von weißem Rauschen unterscheidet. Tatsächlich sind die Frequenzverteilungen ähnlich. Beispielspektrogramme für pinkes Rauschen sind in Abbildung 3.1 zu finden, für Staubsauger im Anhang im elektronischen Zusatzmaterial in Abbildung 6.1. Die Energieverteilung zwischen 0 Hz und 8.000 Hz sind in beiden Spektrogrammen ähnlich. In den Staubsaugeraufnahmen sind gegebenenfalls noch Variationen der Lautstärke bedingt durch die Mikrofonierung und Abstand zum Gerät sowie Bewegung gegeben.

Ab einem Rauschabstand von mehr als 20 dB waren die Word Error Raten für alle Störgeräusche beinahe gleich. Dabei konvergierten die Fehlerraten je nach Datensatz auf einem unterschiedlichen Wert. Dieses Level lag bei einer WER von etwa 0,199 auf dem Datensatz CSS10 beziehungsweise bei 0,197 WER für LibriVox. Für Thorsten-Voice lag der Mittelwert bei dem niedrigeren Wert von 0,16 WER. Die Streuung der Fehlerraten ist für den Thorsten-Voice-Datensatz allerdings höher. Bei

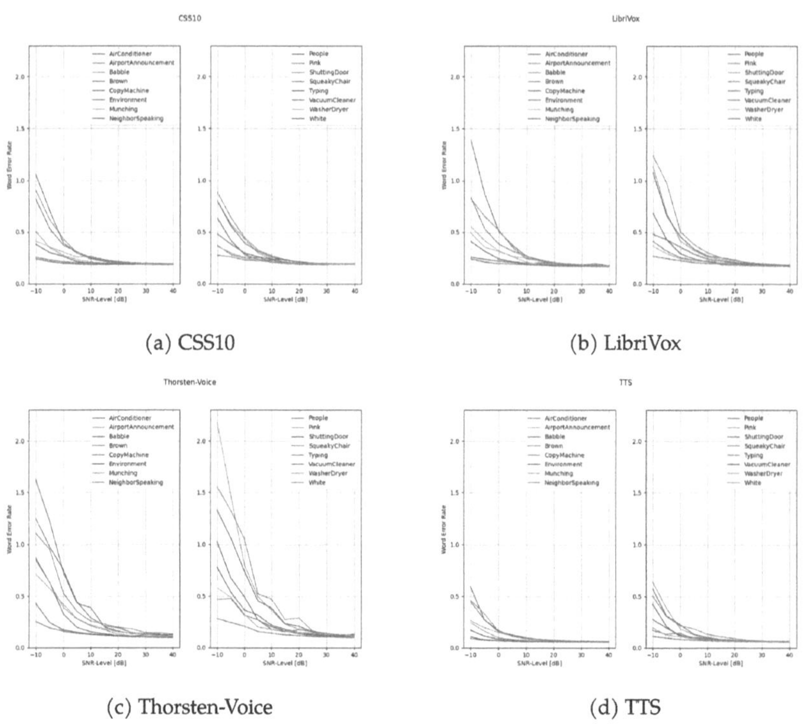

(a) CSS10 (b) LibriVox

(c) Thorsten-Voice (d) TTS

Abbildung 3.4 WER über SNR-Level abhängig von dem Störgeräusch.
Entwicklung der WER zu den unterschiedlichen Störgeräuscharten, abhängig von dem SNR-Level der Störgeräusch (gemittelt über alle Whisper-Modelle). Die Datensätze wurden getrennt voneinander auf Störanfälligkeit bezüglich unterschiedlicher Störgeräuscharten untersucht. Dabei wurden über die verschiedenen Whisper-Modelle gemittelt. Es ist zu erkennen, dass einige Störgeräusche wie braunes Rauschen, Türenschließen oder Umgebungsgeräusche weniger Einfluss auf die Transkriptgenauigkeit haben als Geräuscharten wie Gebrabbel oder pinkes Rauschen. Je höher der Rauschabstand ist, desto weniger Einfluss hat die Art des Störgeräuschs auf das Transkript. Die Word Error Rates für den TTS-Datensatz sind insgesamt am niedrigsten

20 dB SNR ergibt liegt die Standardabweichung bei 0,046, gegenüber Standardabweichungen von 0,0009 und 0,016 auf den Datensätzen CSS10 und LibriVox. Die engste Gruppierung wiesen die Kurven für den Text-To-Speech-Datensatz auf. Bis auf ein abweichendes Störgeräusch (weißes Rauschen mit 0,09 WER bei 20 dB SNR) lagen die WER bei 20 dB im Mittel bei 0,063 mit einer Standardabweichung 0,04. Diese Unterschiede sind auch aus den Graphen in Abbildung 3.1 erkennbar.

Insgesamt wurden auf dem CSS10- und LibriVox-Datensatz ähnliche WER für die verschiedenen Störgeräusche erreicht. Auf beiden Datensätzen konvergierte die Fehlerrate mit steigendem Rauschabstand zwischen 0,17 und 0,19. Für einen Rauschabstand von 40 dB erreichte Whisper auf dem Thorsten-Voice-Datensatz im Schnitt eine WER von 0,11. Die niedrigsten Raten wurden mit 0,059 WER auf dem generierten Text-To-Speech-Datensatz erreicht. Bei diesem SNR sind die Störgeräusche noch wahrnehmbar, behindern die Verständlichkeit für einen typischen Zuhörenden aber nur noch wenig.

In der Abbildung 3.5 wird die Word Error Rate des *medium*-Whispermodells in Bezug zu Störgeräuschen unterschiedlicher Signal-Rauschabständen gesetzt. Ist das Nutzsignal 30 dB oder mehr lauter als das Störgeräusch liegt die durchschnittliche Fehlerrate bei 0,084 über alle Störgeräuscharten. Für das *medium*-Modell führen die gleichen Störgeräusche zu den höchsten Fehlerraten wie für die anderen Modelle. Bei einem SNR-Level von –10 dB führt die Geräusche von quietschenden Stüh-

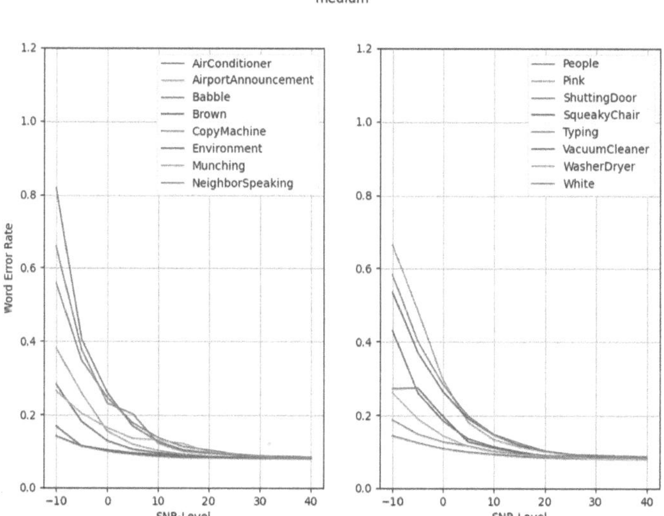

Abbildung 3.5 WER über SNR-Level abhängig von dem Störgeräusch für das *medium*-Modell.
Entwicklung der WER zu den unterschiedlichen Störgeräuscharten, abhängig von dem SNR-Level der Störgeräusch (gemittelt über alle Datensätze). Die Kurven zeigen, dass dieses Whispermodell bei einem hohen Störanteil am anfälligsten für die Störgeräusche Gebrabbel (*Babble*) ist. Für alle Störgeräuschtypen konvergiert die Fehlerrate über einem SNR-Level von 20 dB auf 0,085

len mit 0,272 zu einer geringfügig niedrigeren Fehlerrate als bei dem geringeren Rauschabstand von –5 dB und einer WER von 0,274. Bei allen anderen Geräuscharten steigt die Fehlerrate mit schlechter werdendem Signal-Rauschabständen.

Whisper wurde neben der Transkription auch auf Voice Activity Detection trainiert. Eine Untersuchung bezog sich darauf, ob laute Störgeräusche dazu führen können die VAD zu umgehen. Dies könnte beispielsweise der Fall sein, wenn Whisper durch ein zu lautes Störgeräusch kein eindeutiges Sprachsignal mehr identifizieren kann. Die Berechnungen auf dem Spektrogramm werden in diesem Fall ausgelassen, was zu einer verringerten Verarbeitungszeit führen soll.

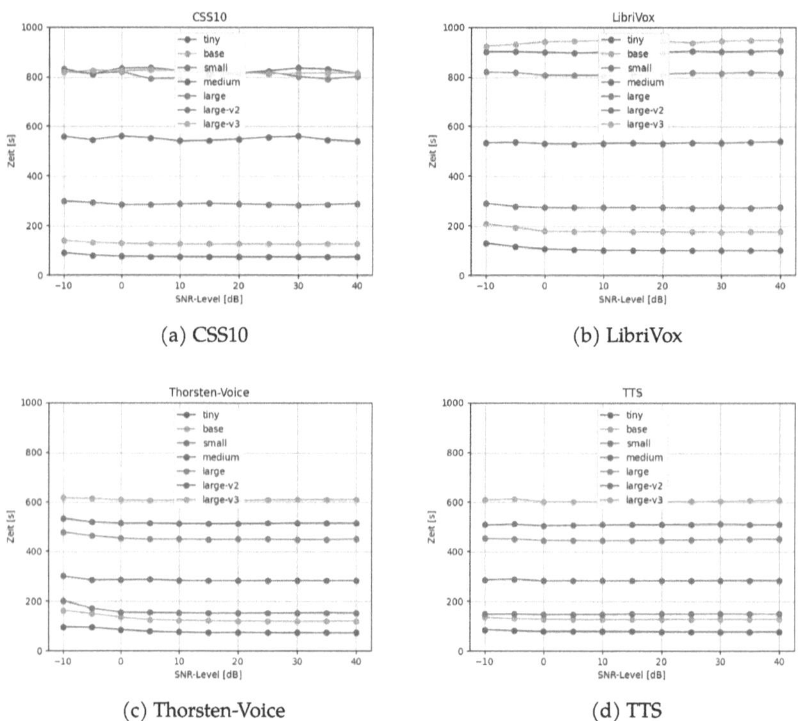

Abbildung 3.6 Rechenzeit über SNR-Level abhängig von Whisper-Modell.
Abgebildet ist die benötigte Rechenzeiten der Modelle für alle Dateien, die mit Störgeräuschen von einem SNR-Level gemischt wurden, unterteilt nach den Datensätzen. Die Zeiten wurden über alle Geräuscharten gemittelt. Es ist erkennbar, dass für alle Rauschabstände die Verarbeitungszeit sehr konstant bleibt. Lediglich für die kleinsten Modelle ist ein leichter Anstieg der Rechenzeit zu erkennen, wenn die Störgeräusche lauter als das Nutzsignal sind

Die Berechnungszeiten in Abhängigkeit von dem SNR-Level über die verschiedenen Whisper-Modelle sind in Abbildung 3.6 visualisiert. Es zeigte sich, dass für die gewählten Rauschabstände kaum Unterschiede in der Berechnungszeit auftraten. Lediglich für Störgeräusche, die lauter als das Nutzsignal sind, war für drei der vier Datensätze eine leichte Erhöhung der Rechenzeit zu erkennen. Hauptsächlich galt dies für die kleinsten Modelle. Das könnte darauf hinweisen, dass für ein Audiosignal mit höherer Energiedichte mehr Berechnungen angestellt werden müssen, da dort mehr Informationen enthalten sind und somit zu einer längeren Rechenzeit führen. Die Energiedichte beschreibt die Verteilung von Energien in einem Signal. In einem Audiosignal kann die Energie mit der Lautstärke verglichen werden. Eine hohe Energiedichte resultiert etwa aus vielen lauten Frequenzen. Dies kann beispielsweise durch laute Hintergrundgeräusche in einer Aufnahme bedingt sein. Der Zusammenhang der Rechenzeit im Vergleich zur im Spektrum visuell sichtbaren Energie (siehe Abbildung 3.8) legt eine Verbindung nahe. Weiter verfolgt wurde diese Überlegung nicht.

Es fiel ebenfalls auf, dass für den CSS10-Datensatz für alle drei *large*-Modellvarianten die Berechnungszeiten beinahe identisch waren, während für die übrigen drei Datensätze Unterschiede zu erkennen sind.

3.3 Diskussion

In diesem Abschnitt werden die Ergebnisse aus dem vorherigen Abschnitt diskutiert und untereinander verglichen.

In Abbildung 3.7 sind die Fehlerraten der unterschiedlichen Whisper-Modelle auf den verschiedenen Datensätzen (siehe Abschnitt 2.4) ohne Störgeräusche dargestellt. Wie auch für die gestörten Aufnahmen ist zu erkennen, dass der Text-To-Speech-Datensatz mit der niedrigsten Fehlerrate transkribiert wurde, dicht gefolgt von dem Thorsten-Voice-Datensatz. Der CSS10 und LibriVox-Datensatz wurden ähnlich genau transkribiert und erreichten für die *large*-Modelle eine gemittelte WER von 0,08. Lediglich die Fehlerrate des *large*-Modells auf dem LibriVox-Datensatz stellt eine Ausnahme hierfür dar. Hier wurde eine Fehlerrate von 0,17 erzielt. Dies ist schlechter als die Word Error Rate des gleichen *small*-Modells auf dem gleichen Datensatz mit 0,12. Für kleinere Modelle ergaben sich signifikantere Unterschiede in WER als für die größeren Varianten. Im Vergleich zu den Kurven in Abbildung 3.3 ist zu erkennen, dass die Güte der Transkripte sich zwischen den Modellen ähnlich entwickelte. Der größte Sprung in der Transkriptgüte lag ebenfalls zwischen dem *base*- und *small*-Modell. Insgesamt waren die Transkripte allerdings selbst für einen großen Rauschabstand (hier 40 dB) deutlich ungenauer als für die

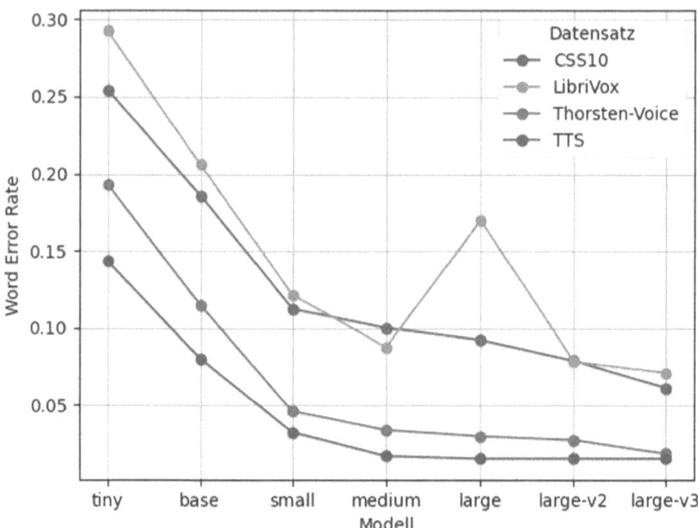

Abbildung 3.7 WER über alle vier Datensätze ohne Störgeräusche.
Die Datensätze wurden von allen Whisper-Modellen ohne Störgeräusche transkribiert. Die Daten zeigen, dass größere Modelle genauer transkribierten als kleinere Varianten. Auf dem Thorsten-Voice- und TTS-Datensatz erreichte schon das *small*-Modell einstellige Fehlerraten. Für den LibriVox-Datensatz gab es durch das *large*-Modell einen Ausreißer, wobei dieses Modell eine Fehlerrate von nur 0,17 erzielte. Im Vergleich erreicht das *small*-Modell bereits eine WER von 0,12. Ansonsten wurden auf dem CSS10 und LibriVox-Datensatz ähnliche WER erreicht. Die Datensätze Thorsten-Voice und TTS konnten deutlich genauer transkribiert werden

ungestörten Aufnahmen. Trotzdem stellt das *small*-Modell eine gute Wahl dar, wenn die Laufzeit des Modells entscheidend ist. Wird eine höhere Genauigkeit des Transkriptes benötigt, bietet der *medium*-Modell beinahe die gleiche Fehlerrate wie die *large*-Modellvarianten bei einem niedrigeren Rechenzeitaufwand. Dies ist ebenfalls der Grund, aus dem *medium*-Whisper für die Transkription in CoSy eingesetzt wird.

Dass der TTS-Datensatz die besten Werte erreichte, besonders im Vergleich zum Thorsten-Voice-Datensatz, deutet darauf hin, dass eine gute Audioqualität zu besseren Transkripten führt. Dies deckt sich mit bereits durchgeführten Studien [14][69].

Ein Gegenüberstellung dieser beiden Datensätze zeigt die Unterschiede in zwei Aufnahmen des gleichen Textes von unterschiedlichen Sprechern. Im direkten Vergleich eines gleichen Textsample aus TTS und Thorsten-Voice zeigt sich, dass im Spektrogramm der TTS-Datei die Frequenzen klarer zeitlich abgegrenzt sind. Dies bedeutet, dass weniger zusätzliche Frequenzen neben der Stimme enthalten sind. Das Nutzsignal ist so gegebenenfalls leichter für Whisper identifizierbar. Es sei allerdings zu bedenken, dass in den generierten Audiosignalen Artefakte und Frequenzen enthalten sein können, welche eine Transkription mit Whisper vereinfachen.

In Abbildung 3.8 sind Beispieldateien aus allen Datensätzen als Spektrogramme dargestellt. Die Abbildungen 3.8c und 3.8d für Thorsten-Voice und TTS basieren auf dem gleichen Ausgangstext: „*Ich hatte mich schon gewundert, inwiefern das eine Vorbereitung sein soll.*“. Es ist ersichtlich, dass der Sprachduktus in beiden Audiospuren nicht gleich ist. In der TTS-Datei ist zu Beginn der Datei eine Pause, welche in der Aufnahme aus dem Thorsten-Voice-Datensatz nicht enthalten ist. Die Abgrenzungen der einzelnen Silben sind leichter durch scharfe vertikale Kanten, beispielsweise bei Sekunde 1,6 in Abbildung 3.8d, zu erkennen. Dies kann möglicherweise eine klarere Einteilung in Worte durch Whisper vereinfachen. Horizontal verbundene Bereiche hoher Energie wie etwa im Spektrogramm zu dem TTS-Datensatz um Sekunde 3,5 stellen einzelne Töne dar. In den Spektrogrammen 3.8a und 3.8b für CSS10 und LibriVox sind diese weniger klar zu erkennen. Ebenfalls sind die Silben weniger eindeutig voneinander getrennt. Auch ist die Gesamtenergie in diesen Aufnahmen höher. Dadurch treten die Basisfrequenzen der gesprochenen Töne weniger deutlich hervor. Whisper verwendet im Encoder Faltungskerne, um Features zu identifizieren. Daher ist es möglich, dass die Basisfrequenzen die Features sind, anhand derer Worte erkannt werden. Klar abgegrenzte Basisfrequenzen könnten somit zu besseren Transkripten führen.

Interessant ist das Verhalten des *large-v3*-Modells. Die Verschlechterung der Transkriptgenauigkeit bei hohem Rauschabstand trat bei den CSS10 und LibriVox unabhängig von der Störgeräuschart auf. In Abbildung 3.9 wird das *large-v3*-Modell auf dem CSS10- und Thorsten-Voice-Datensatz verglichen. Es ist zu erkennen, dass auf dem CSS10-Datensatz die Transkriptgüte für SNR-Level höher als 5 dB zu steigen begann, obwohl genau das Gegenteil zu erwartet wurde. Für den Thorsten-Voice-Datensatz verhielten sich die Kurven wie erwartet. Ebenfalls ist zu bemerken, dass dieses Phänomen für sämtliche getesteten Geräuschtypen auftritt, wenn auch unterschiedlich stark ausgeprägt. Geräuscharten, die bei niedrigem Rauschabstand zu höheren WER führen, resultierten bei hohen SNR-Leveln in niedrigeren Fehlerraten als Störgeräusche, die bei einem hohem Anteil im Audiosignal verhältnismäßig gute Ergebnisse liefern. Pinkes Rauschen oder Gebrabbel resultierten auf anderen Datensätzen in den höchsten Word Error Raten. Für niedrige SNR ist dies

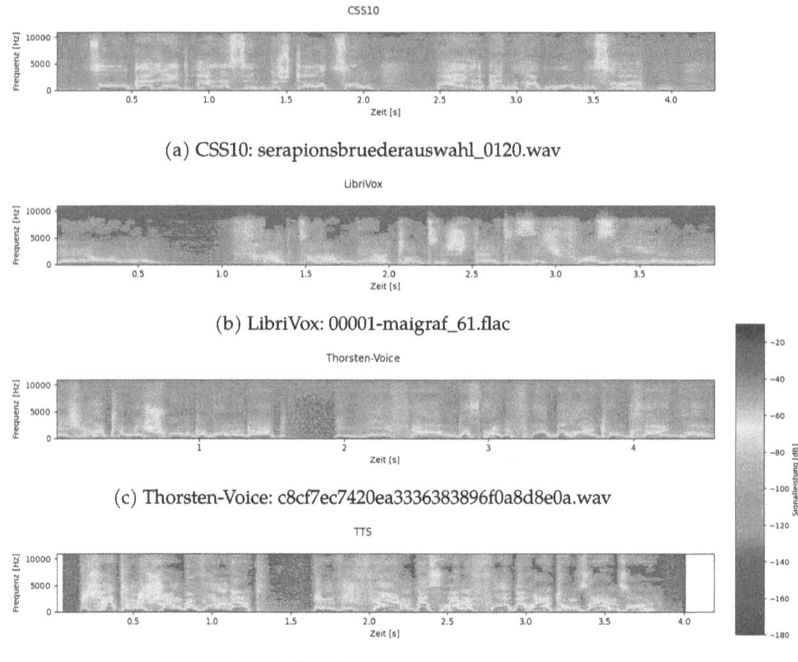

(a) CSS10: serapionsbruederauswahl_0120.wav

(b) LibriVox: 00001-maigraf_61.flac

(c) Thorsten-Voice: c8cf7ec7420ea3336383896f0a8d8e0a.wav

(d) TTS: c8cf7ec7420ea3336383896f0a8d8e0a.wav

Abbildung 3.8 Spektrogramme für Beispieldateien aus den vier Datensätzen, ohne Störgeräusche.
Für jeden Datensatz ist ein Spektrogramm für eine zufällige Beispieldatei abgebildet. Die Dateien aus Thorsten-Voice und TTS basieren auf dem gleichen Text. Es ist ersichtlich, dass die Silben in den Aufnahmen aus CSS10 und LibriVox unklarer voneinander getrennt sind. Ebenfalls verlaufen die Kurven für einzelne Töne (hohe Energien, in rot) stärker. Für Thorsten-Voice und TTS sind die Silben deutlicher voneinander unterscheidbar und die Basisfrequenzen heben sich stärker ab. Sätze zu den Spektrogrammen (direkt aus der Referenz übernommen): CSS10: „So gerät alles in Bestürzung, weil ein Ragout mißraten, –“LibriVox: „Nun? fragte Rambert und stellte sich vor sie hin.“Thorsten-Voice & TTS: „Ich hatte mich schon gewundert, inwiefern das eine Vorbereitung sein soll“

auf diesem Datensatz auch der Fall. Bei hohen SNR-Leveln wurden die mit diesen Störgeräuschen gemischten Dateien allerdings mit einer geringeren Fehlerrate transkribiert. Für braunes Rauschen lag die WER bei einer SNR von –10 dB in einem ähnlichen Bereich wie auf dem LibriVox-Datensatz mit dem *large-v3*-Modell. Die Testreihen für alle Modelle wurden mit dem gleichen Programmcode durchgeführt.

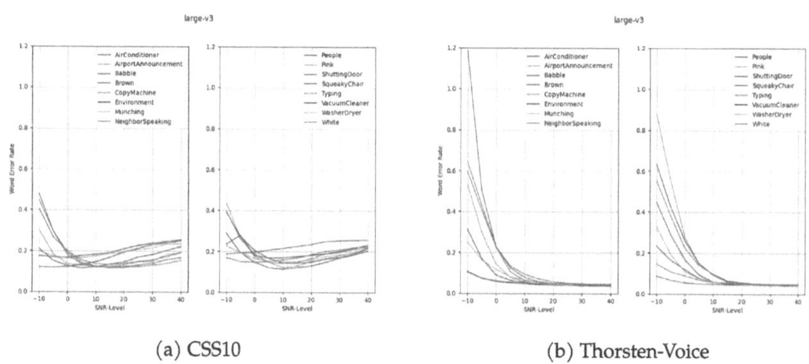

(a) CSS10 (b) Thorsten-Voice

Abbildung 3.9 WER des *large-v3*-Modell auf dem CSS10 und Thorsten-Voice-Datensatz über SNR-Level abhängig von dem Störgeräusch (gemittelt über alle Whisper-Modelle). Für die Daten auf dem CSS10-Datensatz in Abbildung a) zeigt sich eine gegenläufige Entwicklung der Transkriptgenauigkeit im Vergleich zu den Daten auf dem Thorsten-Voice-Datensatz in Abbildung b). Mit größeren Modellen wird die Word Error Rate schlechter. Auch konvergieren die Kurven nicht im gleichen Maß. Für niedrige SNR-Level ist das Verhalten ähnlich, mit den gleichen Geräuschtypen am schlechtesten

Zwischen den Tests wurden die Daten nicht verändert. Beides kann als Fehlerquellen für diese Ergebnisse ausgeschlossen werden.

Eine mögliche Erklärung für das Auftreten dieses Phänomens ist, dass in den Aufnahmen in CSS10 und LibriVox, bestimmte Frequenzen oder Störgeräusche bereits in den ursprünglichen Aufnahmen enthalten sind, auf die das *large-v3*-Modell besonders empfindlich reagiert. Dies könnte bei den *large-* und *large-v2*-Modellen deshalb nicht auftreten, da diese auf anderen Daten trainiert sind. Der Trainingsdatensatz für *large-v3* besteht zum Teil aus transkribierten Aufnahmen von *large-v2*.

Wie bereits beschrieben erreichte Whisper auf dem Text-To-Speech-Datensatz die besten Ergebnisse. Dieser wurde aus den Texten des Thorsten-Voice Datensatz generiert. Es wurde nicht untersucht, ob dies mit den zugrundeliegenden Sätzen und Phrasen zusammenhängt. Auch der Thorsten-Voice-Datensatz wurde besser transkribiert wurde als die beiden anderen Datensätze. Die geringe Fehlerrate auf dem TTS-Datensatz kann auf die bereits erwähnten theoretisch sauberen Aufnahmen bezogen werden. Ebenso unterstützt das Paper von Rossenbach et al. [75] die Aussage, dass mittels Text-To-Speech generierte Daten gute Ergebnisse im Training von ASR-Systemen erzielen können. Daraus ergibt sich die Überlegung, dass im Umkehrschluss TTS-generierte Daten auch gut transkribiert werden können. Da die für Whisper verwendeten Trainingsdaten aus nicht näher spezifizierten Quellen aus dem Internet stammen, ist es plausibel, dass ein gewisser Teil dieser Aufnahmen ebenfalls TTS-generiert ist.

Naheliegend ist auch die Annahme, dass die Audiodateien des TTS-Datensatz eine „perfekte" Aufzeichnung ohne Störgeräusche repräsentieren. Die übrigen drei Datensätze bestehen aus reellen Audioaufnahmen, bei denen die Qualitätskontrolle in den Händen der Zusammenstellenden lag. Akustisch sind Unterschiede hörbar, auch wenn die Aufnahmen aus allen Datensätzen gut verständlich sind. Es ist nicht abzuschätzen, welchen Einfluss diese Unterschiede in den Aufnahmen für die Transkription von Whisper haben. In der Theorie sollte eine Audioaufzeichnung frei von jeglichen Störgeräuschen perfekt transkribierbar sein. In der Praxis hängt dies von den Trainingsdaten der Modelle ab und welche Features die Modelle aus diesen lernen.

Jedoch kann die Transkriptgenauigkeit auch durch andere Faktoren beeinflusst werden. Verschiedene Studien haben gezeigt, dass vor allem die sprechende Person selbst zu Unterschieden in der Transkription führt [4][28]. Eine Studie von Attanasio et al. [7] zeigt, dass Whisper für die deutsche Sprache und männlichen Sprechern eine höhere Genauigkeit der Transkripte erreicht. Als Ursprung solcher Differenzen wird von Attanasio et al. eine unterschiedliche Verteilung der Geschlechter in den Trainingsdaten der Modelle genannt. Dies deckt sich mit den beobachteten Unterschieden in Transkriptgenauigkeit zwischen den Datensätzen CSS10 und LibriVox zu Thorsten-Voice und dem TTS-Datensatz. Die Aufnahmen der beiden zuletztgenannten Datensätze sind von männlichen Stimmen. Somit kann dies der Grund für die niedrigeren Fehlerraten sein. Allerdings wurden auf dem Thorsten-Voice-Datensatz für einen sehr hohen Störanteil in den Signalen die schlechtesten Fehlerraten erzielt.

Für die Datensätzen wurden jeweils zwischen 1.520 und 2.670 Dateien untersucht. Jede dieser Dateien wurde mit allen Störgeräuscharten in allen getesteten Signal-Rauschabständen gemischt untersucht. Dadurch sind die Daten innerhalb eines Datensatzes direkt miteinander vergleichbar. In anderen Analysen zur Störempfindlichkeit von ASR-Systemen wurden teilweise deutlich weniger Dateien untersucht. So wurde in einer Untersuchung von Trabelsi et al. [87] zur Rauschreduktion in Bezug zu ASR-Systemen ein Testdatensatz aus lediglich 74 Audiodateien untersucht. Verglichen damit wurde in dieser Arbeit eine deutlich umfangreichere Analyse mit diversen Störgeräuschen durchgeführt.

In der Störempfindlichkeitsanalyse in Kapitel 3 wurde der Einfluss von unterschiedlichen Störgeräuschen auf die Fehlerrate von Transkripten mit Whisper untersucht. Die Ergebnisse bestätigen bisherige Arbeiten, wie etwa schon die Analyse von Radford et al. zur Veröffentlichung von Whisper. Für einige der Störgeräuscharten blieb die Word Error Rate trotz lauterem Störsignal als Nutzsignal unter 0,5. Dies kann als ein Fehler für jedes zweite Wort im Ausgangstext gewertet werden. Solche Bedingungen sind für eine reelle Aufnahme für CoSy nicht unbedingt repräsentativ. Die Gesprächsteilnehmenden hätten dabei selbst Verständigungsprobleme. Das unterschiedliche Störgeräusche eine stark variierende Auswirkung auf die Transkriptgenauigkeit haben, lässt sich teilweise mit den Eigenschaften des Geräuschtyps in Zusammenhang bringen. So haben Störgeräusche mit starkem Einfluss, wie weißes Rauschen oder Gebrabbel, ein quasi durchgehend hohes Energieniveau im Signal. Geräusche der Kategorie Türenschließen bestehen nur aus einem kurzen Quietschen und Knall, die sich zeitlich versetzt wiederholen. Es ist nicht überraschend, dass solch ein Störgeräusch deutlich weniger auf das Transkript auswirken.

In Tabelle 3.1 sind die Transkripte einiger Dateien dargestellt. Die Transkripte der ersten beiden Zeilen basieren auf der gleichen Ursprungsdatei, jeweils mit einem anderen Störsignal in einer anderen Lautstärke gemischt. Hier zeigt sich, dass für Klimaanlagengeräusche bei -10 dB Rauschabständen nur die Hälfte des Gesagten transkribiert wurde. Für die gleiche Ursprungsdatei, allerdings gestört mit Kopierergeräuschen bei einem Rauschabstand von 10 dB, wurden ebenfalls Fehler gemacht. Die grobe Struktur des Satzes ist allerdings erkenntbar. In beiden Transkripten wird das „Bla bla bla" jeweils ohne Leerzeichen transkribiert. Auch hieraus ergeben sich Fehler in der WER. Die anderen beiden Beispiele zeigen, dass selbst Fehler von einzelnen Buchstaben für kurze Textabschnitte zu signifikanten Fehlern nach der WER führen können. Jeweils wurde nur ein einzelnes Wort falsch transkribiert. Für alle diese Beispiele wurde die Word Error Rate nach der Textnormalisierung berechnet.

Nicht in dieser Tabelle enthalten sind Beispiele, in denen selbst für einen hohen Störanteil im Signal das Transkript fehlerfrei war. Für alle Störgeräuschtypen und SNR-Level gab es gestörte Aufnahmen, die korrekt transkribiert wurden.

Die Tabelle 3.2 listet für jeden Störgeräuschtypen die mittlere WER und die mittlere Transkriptionszeit über allen Datensätzen und Whisper-Modellen auf. Es ist zu erkennen, dass die gemittelten Verarbeitungszeiten für alle Geräuschtypen dicht beieinander liegen. Über die gemittelten Fehlerraten ergab sich ein Spanne von 0,147 für Umgebungsgeräusche bis zu 0,368 für weißes Rauschen. Dies entspricht einem Unterschied von 150,3 %.

Die gemittelten Verarbeitungszeiten liegen zwischen 398,88 Sekunden für Klimaanlagengeräusche bis zu 432,79 Sekunden für weißes Rauschen. Hieraus ergibt sich ein Unterschied von 8,5 %.

Es lässt sich somit feststellen, dass die verschiedenen Störgeräuschtypen einen stark unterschiedlichen Einfluss auf die Transkriptgüte ausüben. Alltägliche Geräusche wie Umgebungsgeräusche, Türenschließen oder Klimaanlagen verschlechtern die Transkription von Whisper deutlich weniger als Rauschen oder

Tabelle 3.1 Transkriptbeispiele aus gestörten Dateien. TODO fix line break

Datei	Geräuschtyp, SNR	Referenztext	Transkript	WER
Thorsten-Voice: 52f0d4bc6017f6de143936982ce04700.wav	CopyMachine, 10,0 dB	Bla bla bla, entgegnete Gabriele genervt und desinteressiert.	Blablabla. Das Gegenteil gab die Jäle genervt und desinteressiert.	0,75
Thorsten-Voice: 52f0d4bc6017f6de143936982ce04700.wav	AirConditioner, –10,0 dB	Bla bla bla, entgegnete Gabriele genervt und desinteressiert.	Blablabla...	1,0
CSS10: serapionsbruederauswahl_1009.wav	Pink, 35,0 dB	da der Steiger eben die Leute im Förderschacht anstellte, so wollte ihm das Pochen und Hämmern ganz unheimlich bedünken.	Da der Steiger eben die Leute im Förderschacht anstellte, so wollte ihm das Pochen und Hemmern ganz unheimlich bedünden.	0,11
LibriVox: 00004-maigraf_175.flac	VacuumCleaner, 40,0 dB	Kleine Martha, jetzt entscheidet einmal!	Kleine Marza jetzt entscheidet einmal.	0,20
TTS: 0ba0a7721daae4430d4486a4aab7e773.wav	Munching, –10,0 dB	Das schädigt unseren ohnehin schon ramponierten Ruf.	Das schädigt unseren ohnehin schon raffinierten Hof.	0,29

Tabelle 3.2 Zusammenfassung der Einflüsse der Störgeräuschtypen.
WER und Transkriptionszeit sind über alle Datensätze und Whisper-Modelle angegeben. Die Werte wurden jeweils über alle Dateien der Datensätze bestimmt

Störgeräuschtyp	Mittlere WER	Mittlere Transkriptionszeit (in sek)
AirConditioner	0,197	**398,88**
AirportAnnouncement	0,219	404,24
Babble	0,349	408,88
Brown	0,155	407,57
CopyMachine	0,295	414,27
Environment	**0,147**	410,39
Munching	0,225	412,35
NeighborSpeaking	0,297	414,58
People	0,237	417,19
Pink	0,347	424,30
ShuttingDoor	0,159	421,47
SqueakyChair	0,226	422,23
Typing	0,194	423,95
VacuumCleaner	0,322	431,51
WasherDryer	0,191	425,58
White	0,368	432,79

Hintergrundgespräche wie in der Babble-Kategorie enthalten. Die skann sich daraus ergeben, dass in den Traningsdaten für Whisper Aufnahmen befunden haben, in denen bereits solche Störgeräusche enthalten waren.

In der Abbildung 3.10 wird für alle Störgeräuschtypen die Ähnlichkeit zwischen Rang in WER und Rang in Verarbeitungszeit dargestellt. Hierbei wurde der Rang jeweils auf auf einzelnen Whisper-Modellen über alle SNR und Datensätze gemittelt. Anschließend wurde über die Ränge zu den Modellen gemittelt. Es wurde über die Ränge auf den Whisper-Modellen gemittelt, da die Fehlerrate und Verarbeitungs zwischen den Modellen grundsätzlich variieren. Dies ist aus den Grafiken 3.3 und 3.6 zu entnehmen. Daher stimmt der jeweilige Rang nicht mit der Tabelle 3.2 überein.

Für die Geräuscharten braunes Rauschen, Personengeräusche und weißes Rauschen besteht ein starker Zusammenhang zwischen Rang in WER und Verarbeitungszeit. Auf den Rängen wurde ebenfalls der Korrelationskoeffizient nach

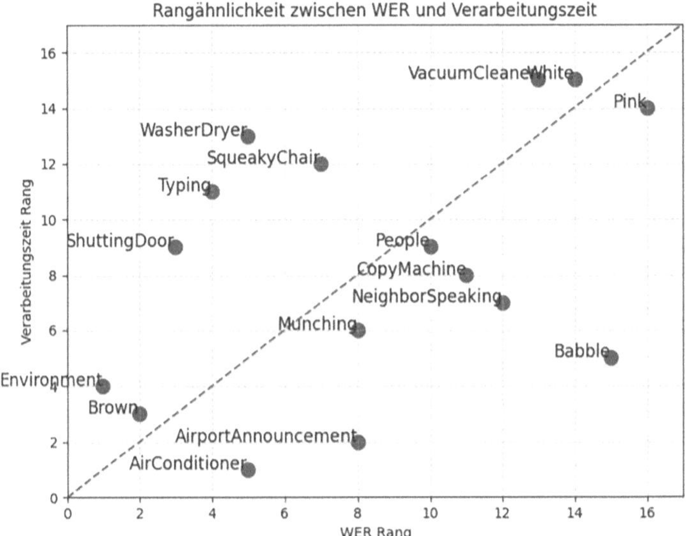

Abbildung 3.10 Rangähnlichkeit zwischen WER und Verarbeitungszeit. Je dichter ein Geräuschtyp an der Diagonalen liegt, desto ähnlicher sind sein Rang in gemittelter Verarbeitungszeit und gemittelter WER. Der Rang wurde jeweils auf den verschiedenen Whisper-Modellen berechnet und gemittelt. Für braunes Rauschen, weißes Rauschen und Personengeräusche ist ein Zusammenhang sichtbar

Bravais-Pearson bestimmt [80]. Dieser bestimmt die Ähnlichkeit der Listen der Ränge. Mit einem Wert von 0,43 zeigt dieser Koeffizient auf seiner Skala von –1 bis 1 eine moderate Korrellation.

In der Abbildung 3.10 lassen sich grob vier Gruppen von Störgeräuschen ausmachen. Die erste Gruppe mit hohem Verarbeitungszeitrang und hohem Fehlerratenrang umfasst die Störgeräusche weißes und pinkes Rauschen sowie Staubsaugergeräusche. Dass sich diese Typen in ihren Spektrogrammen stark ähneln, wurde bereits festgestellt. Alle drei haben ein hohes Energielevel über den gesamten Zeitraum des Geräusches und enthalten annähernd gleichverteilte Frequenzen. Die nächste Gruppe umfasst Wäschetrockner, Stuhlquietschen, Tippen und Türenschließen. Für diese Gruppe ist der Fehlerrang eher niedrig, der Verarbeitungszeitrang dagegen eher hoch. Alle diese Geräusche zeichnen distinkte kurze Geräusche aus. Daraus könnte sich ein niedrigerer Fehler in den Transkripten erklären, da das Gesprächssignal nur kurzzeitig gestört ist. Ein Glättungsfilter beispielsweise könnte solche

Störungen reduzieren. Da Whisper im Encoder Faltungsnetze verwendet, ist dies eine plausible Überlegung.

Eine dritte Gruppe umfasst die Störgeräuschtypen Umgebung, braunes Rauschen, Klimaanlagen und Flughafendurchsagen. Diese haben einen niedrigen Verarbeitungszeitrang und niedrigen Fehlerrang. Hierbei handelt es sich um sehr alltägliche Geräusche. Somit ist es möglich, dass diese gut in den Trainingsdaten von Whisper repräsentiert waren und somit wenig Einfluss auf Transkriptions-Zeit und Fehler ausüben.

Personen-, Kopierer- und Essgeräusche sowie Gespräche von Nachbarn lassen sich zu einer vierten Gruppe zusammenfassen. Diese haben jeweils einen mittleren Fehlerrang und Verarbeitungszeitrang. Vor allem Personengeräusche und Nachbargespräche ähneln sich von ihrem Inhalt. Da Whisper auf die Transkription von Gesprächen ausgelegt ist, kann sich aus diesen Störtypen eine höhere Fehlerrate erklären. Gebrabbel-Störgeräusche lassen sich entfernt ebenfalls zu dieser Gruppe zählen. Allerdings lag dieser Geräuschtyp auf dem zweithöchsten Rang in der Fehlerrate. Ähnlich wie weißes oder pinkes Rauschen haben die Störaufnahmen für diesen Typ eine hohe Energiedicht und enthalten zudem noch diverse Sprachfetzen. Daraus kann sich die hohe Fehlerrate für diesen Geräuschtyp erklären. Dass die Transkriptionszeit nicht höher lieg, ist möglicherweise dadurch zu erklären, dass sich derart gestörte Aufnahmen in den Whisper-Trainingsdaten befunden haben.

Zusammenfassend lässt sich feststellen, dass ein durchgehendes Störsignal mit hoher Energie einen größeren Einfluss auf die Fehlerrate und Transkriptionszeit ausübt.

Optimierung 4

In diesem Kapitel werden die Optimierungsversuche für Pluginketten zur Verbesserung der Transkripte beschrieben. Zunächst werden die Optimierungsverfahren beschrieben. Anschließend folgt die Durchführung, sowie der Vergleich der Ergebnisse. Daraufhin wird eine weitere Versuchsreihe auf einzelnen Störgeräuschtypen durchgeführt. Abschließend werden die gewonnenen Ergebnisse diskutiert.

Dass Störgeräusche einen deutlichen Einfluss auf die Güte von ASR-Transkripten haben, wurde in Kapitel 3 nachgewiesen. Auch andere Arbeiten haben dies bereits gezeigt [46][87]. Für die Analysen in CoSy wird ein möglichst fehlerfreies Transkript benötigt. Daher besteht das Ziel darin, die Audioaufnahmen durch eine Vorverarbeitung so zu optimieren, dass die Transkription verbessert wird. Eine optimale Vorverarbeitung soll dabei auf allen Audioaufnahmen zu einer Verbesserung der Transkripte führen. Dabei ist es nicht zwangsläufig das Ziel eine Audioaufnahme zu erzeugen, die für einen menschlichen Zuhörenden als „gutklingend“ oder verständlich bezeichnet wird. Die Aufnahmen sollen lediglich mit einem möglichst geringen Fehler transkribiert werden. Als Basis für diesen Ansatz dient die Überlegung, dass nicht genau bekannt ist, aus welchen Features des Signals Whisper das Gesprochene erkennt. Möglicherweise hängen diese Features nicht mit dem menschlichen Höreindruck zusammen. Eine optimierte Audiodatei könnte so für einen menschlichen Zuhörer keinen guten Höreindruck erzeugen. In der CoSy-Feedbackoberfläche wird auch die Aufnahme des Gesprächs angeboten, um in der Analyse direkt in das Gespräch hineinzuhören. Diese Aufnahme muss nicht die für die Transkription verarbeitete Audiodatei sein. Stattdessen kann eine unabhängige Vorverarbeitung die Aufnahme für ein gutes Hörverständnis optimieren. In dieser Arbeit stand dies nicht im Fokus.

Ergänzende Information Die elektronische Version dieses Kapitels enthält Zusatzmaterial, auf das über folgenden Link zugegriffen werden kann https://doi.org/10.1007/978-3-658-50048-1_4.

J. Behnke, *Automatische Optimierung von Audiosignalen für Transkription mit Evolutionären Algorithmen und Machine Learning*, BestMasters, https://doi.org/10.1007/978-3-658-50048-1_4

Die Optimierung von Audiodateien – auch „Audio Enhancing“ genannt – zielt grundsätzlich darauf ab, eine bestimmte Metriken für das Audiosignal zu optimieren, welche die Güte des Signals bewerten. Dies kann beispielsweise dadurch erreicht werden, unerwünschte Anteile eines Signals zu reduzieren. Eine solche Metrik kann etwa der Rauschabstand sein (siehe Abschnitt 3.1). Andere Metriken können sich auf die Verständlichkeit von Sprache in einer Aufnahme beziehen. Einige Beispiele hierfür sind die *Perceptual Evaluation of Speech Quality* (PESQ) [61] oder *Short-Time Objective Intelligibility* (STOI) [84]. Dise Metriken jedoch bewerten die wahrgenommene Sprachverständlichkeit der Audioaufzeichnungen für einen menschlichen Zuhörer. Außerdem benötigen diese Metriken zur Berechnung ein störfreies und ein gestörtes Signal. Zwar leigen die Daten grundsätzlich ohne die hinzugefügten Störgeräusche vor, allerdings kann, wie bereits erwähnt, nicht gewährleistet werden, dass diese Ausgangsdaten komplett störfrei sind.

In dieser Arbeit soll nicht die Verständlichkeit einer Aufnahme optimiert werden. Stattdessen sollen die Aufnahmen dahingehend optimiert werden, möglichst fehlerfrei durch Whisper transkribiert werden zu können. Daher wird als Vergleichsmetrik eine Funktion basierend auf der Word Error Rate verwendet. In Abschnitt 4.1 ist diese Funktion genauer erläutert.

Eine Verbesserung der Transkripte kann möglicherweise durch das Entfernen von Störgeräuschen erreicht werden. Dies kann durch verschiedene Techniken realisiert werden. Klassische mathematische Signalverarbeitung ist dabei eine Möglichkeit. Die Funktionen können im Zeitbereich oder im Frequenzbereich eines Signals arbeiten. Funktionen im Zeitbereich sind beispielsweise Threshold-Funktionen [56], die ein Signal erst über einem Lautstärke-Schwellenwert passieren lassen. Damit kann etwa das Grundrauschen eines Mikrofons aus Gesprächsbereichen herausgefiltert werden, in denen nicht gesprochen wurde. Weitere Zeitbereich-Funktionen sind Glättungsfilter. Hierbei können verschiedene Glättungsalgorithmen [60], wie beispielsweise ein Median-Filter verwendet werden. Glättungsfilter sind dazu geeignet, kurze Störgeräusche, wie etwa Klatschen, zu reduzieren.

Im Frequenzbereich können andere Techniken verwendet werden. Eine häufig in der Audioverarbeitung genutzte Methode ist das Filtern von Frequenzen. Hierbei können bestimmte Frequenzen oder Frequenzbereiche unterdrückt oder angehoben werden. Beispielsweise ist das Anheben des Signals im Bereich der Frequenzen der menschlichen Sprache eine simple Methode um die Verständlichkeit zu verbessern. Diese liegt etwa zwischen 60 Hz und 4.000 Hz [30]. Allerdings werden hierdurch auch etwaige unerwünschte Störgeräusche mit Frequenzen in diesem Bereich angehoben. Filter können einzelne Frequenzen verändern (*Notch*-Filter) oder Bereiche reduzieren (*Bandpass- / Hochpass- / Tiefpass*-Filter). Notch-Filter können genutzt werden um beispielsweise das charakteristische Summen von Stromleitungen zwischen 50 Hz und 60 Hz [56] zu reduzieren. Ein komplexerer Filter ist der Wiener-Filter [94]. Dieser versucht den mittleren quadratischen Fehler über ein verrauschtes Signal zu minimieren. Solche Filterung kann zwar die SNR erhöhen, allerdings auch das gewünschte Signal verzerren [19]. Diese Methoden sind besser geeignet, Rauschen zu entfernen und bedienen sich teilweise der Modellierbarkeit des Rauschens als einen stochastischen Prozess, wie etwa Wiener-Filter.

Andere Ansätze verwenden eine Referenz für ein Störgeräusch, um gezielt bestimmte Frequenzen zu unterstützen oder zu reduzieren [83]. Hierfür werden allerdings zusätzliche Informationen benötigt. Dies kann ein parallel aufgenommenes Referenzsignal sein oder Informationen zur Frequenzverteilung des Störsignals. Eine weitere Möglichkeit Störsignale zu eliminieren, ist mittels *Beamforming* [54]. Hierbei wird ein Array an Mikrofonen verwendet, um über die Laufzeitverzögerungen zwischen den Mikrofonen einzelne Audioquellen zu separieren. Für den Einsatz in CoSy ist dieses Verfahren nicht geeignet, da nur zwei Mikrofone verwendet werden. Jede der sprechenden Personen wird mit einem Mikrofon direkt aufgenommen, die Laufzeiten zwischen den Sprechenden sind also symmetrisch.

Moderne Ansätze Störgeräusche zu unterdrücken, nutzen Machine Learning-Methoden. Mit Deep Learning kann aus Trainingsdaten gelernt werden, welche Teile eines Signals erwünscht sind und diese aus einem Signal extrahieren [67]. Die Güte einer solchen Lösung hängt mit den genutzten Traningsdaten zusammen. Dazu werden den Modellen im Training Aufnahmen mit und ohne Störgeräusche zur Verfügung gestellt. Mögliche Machine Learning-Methoden beinhalten Faltungsnetze (CNNs) [49] und Transformer-Architekturen [89]. Beispiele für solche Systeme sind *MP-SENet* [53] oder *Asteroid* [63]. Mittels generativer Ansätze können Sprachsignale neu generiert werden, die in einer Aufnahme erkannt wurden, ohne die Störsignale mitzugenerieren [86].

Es kann allerdings nicht davon ausgegangen werden, dass das Entfernen von Störgeräuschen die einzige oder beste Lösung zur Verbesserung der Transkripte ist. Daher werden in dieser Arbeit diverse Audioplugin ausgewählt, um zu erforschen ob es möglich ist durch eine solche Verarbeitung die Transkription mit Whisper zu verbessern. In CoSy werden bereits kommerzielle verfügbare Audioplugins für die Verarbeitung der Audiosignale verwendet. Diese können klassische Signalverarbeitungsfunktionen implementieren oder auch Machine Learning-Methoden nutzen. Teilweise werden auch klassische Signalverarbeitunsmethoden mit KI verknüpft, um die Parameter der Plugins auf ein Audiosignal automatisch anzupassen. In dieser Arbeit werden die gleichen Plugins wie in CoSy verwendet.

Es ist das Ziel dieser Optimierungsversuche, automatisch eine Kette aus diesen Plugins zu finden, die zu einer Verbesserung der Transkription führt. Für ein reines

Ausprobieren ist die Anzahl der Einstellungsmöglichkeiten und Kombinationen der Plugins zu groß.

Einige der verwendeten Plugins erfüllen bereits dem Aufgabe, die Verständlichkeit einer Audioaufnahme zu verbessern. Es werden aber auch Plugins verwendet, die einen allgemeinen Funktion in der Audioverarbeitung erfüllen. Allgemeine Plugins sind etwa Kompressoren oder Equalizer. Ein Kompressor passt die Amplitude eines Signals abhängig von seiner Lautstärke an, ein Equalizer kann einzelne Frequenzen oder Frequenzbereiche hervorheben oder absenken. Spezifischere Plugins sind etwa ein De-Click-Plugin, das Klickgeräusche erkennen und entfernen soll oder ein Plugin zur Entfernung von Hall aus dem Audiosignal. Eine vollständige Liste der verwendeten Plugins ist im Anhang 6 im elektronischen Zusatzmaterial zu finden.

Ein Vorteil des Plugin-Ansatzes von CoSy ist, dass Audiodaten mit einer geringen Zeitverzögerung verarbeitet werden können. Prinzipiell lassen sich Audioplugins auch direkt auf einem Signalstrom ausführen. Die zum Hosten der Plugins verwendete JUCE-Implementation unterstützt dies grundsätzlich. Für die Verarbeitung muss somit nicht gewartet werden, bis ein Audiosignal gespeichert ist. Dadurch kann schon während des Gesprächs die Verarbeitung beginnen. Eine Möglichkeit dies zu umgehen, ist das Unterteilen des Audiosignals Blöcke von fester Länge und diese zwischenzuspeichern. Dadurch werden Dateien mit festem Start- und Endpunkt erzeugt. Die Werkzeuge können auf diesen Teildaten arbeiten, während das Gespräch noch läuft. Für diese Arbeit wurde die Verarbeitung lediglich auf bereits gespeicherten Audiodateien durchgeführt. Die Verarbeitungszeit ist dabei kein entscheidendes Kriterium für eine Vorverarbeitung.

Ein weiterer Vorteil eines Plugin-basierten Ansatzes ist, dass die verwendeten Plugins im Gegensatz zu KI-basierten Tools weniger Arbeitsspeicher benötigen. In professioneller Audioproduktion können viele Instanzen von Plugins parallel verwendet werden. Somit werden diese darauf hin entwickelt, wenig Speicher zu benötigen. Moderne Machine Learning-Modelle benötigen dagegen immer mehr Arbeitsspeicher [36].

Darüber hinaus sind die Algorithmen von Audioplugins in der Regel deterministische Signalverarbeitungsfunktionen. Somit kann die Ausgabe eines Plugins stets reproduziert werden. Für Machine Learning-Werkzeuge kann je nach Implementation eine Varianz in den Ergebnissen vorliegen. Dies kann zu Schwankungen in der Güte der Verarbeitung führen.

Modellierung

Für die Optimierung wird eine Instanz einer Pluginkette zur Audioverarbeitung als eine Liste von Plugins dargestellt. Jedes Plugin wird wiederum durch eine Liste von 115 Parametern repräsentiert. Der erste Eintrag einer solchen Plugindarstellung kodiert dabei jeweils den Plugintyp in Form eines Integerwert. Die folgenden Einträge kodieren die Parameter innerhalb des Plugins als einen Fließkommawert in dem Zahlenbereich zwischen 0,0 und 1,0. Um die Modellierung zu vereinfachen ist die Parameterliste für jedes Plugin gleich lang, auch wenn die Plugins verschieden viele Parameter enthalten. Dabei wurde sich an der Maximalanzahl von Parametern unter den Plugins orientiert. Für die verwendeten Plugins ist diese Anzahl 114 für das „iZotope Neutron 4 Equalizer"-Plugin. Die nicht verwendeten Parameter werden von den entsprechenden Plugins nicht geladen. So kann gewährleistet werden, dass in jedem Fall wohlgeformte Individuen entstehen. Dies bedeutet, dass jede mögliche generierte Parameterbelegung von jedem Plugin geladen werden kann. Eine tabellarische Darstellung der Modellierung ist in Tabelle 4.1 zu finden. In Abbildung 4.1 ist die Modellierung einer solchen Pluginkette als Graph dargestellt.

Tabelle 4.1 Tabellarische Darstellung einer Verarbeitungsinstanz. Jede Zeile besteht aus einem Integer-Wert an erster Position und 114 Fließkomma-Werten. Der Integer-Wert kodiert den Plugintypen, die Fließkommazahlen die Parameter innerhalb des Plugins

Typ	Parameter				
1	0,20	0,78	…	0,93	0,15
4	0,16	0,47	…	0,26	0,54
⋮	⋮	⋮	⋱	⋮	⋮
2	0,63	0,92	…	0,70	0,48

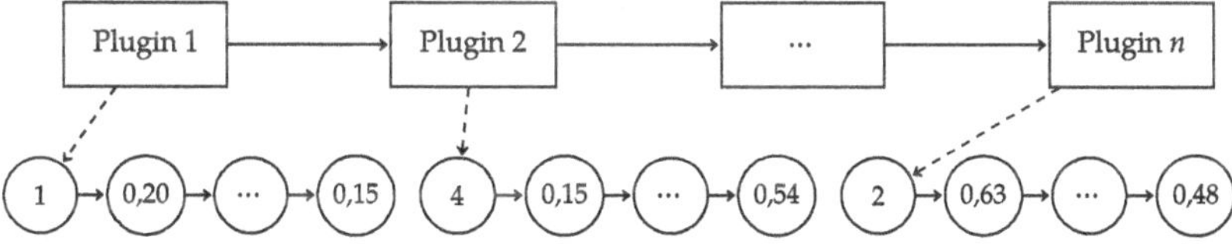

Abbildung 4.1 Modellierung einer Pluginkette als Graph.
Die Plugins werden sequentiell ausgeführt. Jedes Plugin besteht aus einer Liste von Parametern, die für diese Plugins geladen werden

4.1 Verfahren

In diesem Abschnitt werden die beiden Verfahren beschrieben, mit denen nach Pluginketten gesucht wurde. Es werden die Python-Bibliotheken Optuna und DEAP verwendet. Dabei werden die in Abschnitt 4.2 getesteten Einstellungen und Algorithmen vorgestellt.

Für die Optimierung wird eine Bewertungsfunktion benötigt, um eine Instanz zu bewerten. Diese Bewertungsfunktion wird auch Fitnessfunktin genannt, angelehnt an das evolutionäre Konzept des „*Survival of the fittest*" [22]. Naheliegend wäre es hier, die Word Error Rate zu verwenden. Da diese allerdings, wie bereits beschrieben, nicht nach oben hin beschränkt ist und auch den Wert 0 annehmen kann, ist die WER nicht für alle Selektionsmechanismen in evolutionären Algorithmen geeignet. Einige Algorithmen der evolutionären Algorithmen benötigen positive Werte ungleich 0, da ein Individuum mit einer solchen Fitness ansonsten nie gewählt werden kann. Grundsätzlich könnte dies auch zu einer Division durch 0 führen (siehe Formel 4.1). Allerdings ist eine WER von 0 ein sehr guter Wert und soll zu einer hohen Auswahlwahrscheinlichkeit führen. Da der Wertebereich der WER nicht nach oben beschränkt ist, ist eine einfache Invertierung $(1 - WER)$ nicht möglich. Stattdessen wird die Formel 4.1 zur Berechnung der Fitness verwendet.

$$f(x) = \begin{cases} 25 & \text{wenn } \mathrm{WER}(x) < 0,04, \\ 1/\mathrm{WER}(x) & \text{sonst}. \end{cases} \tag{4.1}$$

Die Fitness berechnet sich aus dem Kehrwert der Word Error Rate. Dies eignet sich deshalb, da für eine WER von 1,0 auch die Fitness einen Wert von 1,0 annimmt und so als einfacher Orientierungswert dienen kann. Eine WER von 1,0 kann als ein Fehler pro Wort im Vergleich zum Referenztext interpretiert werden. Bessere Fehlerraten werden exponentiell besser gewertet. Für Fehlerraten schlechter als 1,0 reduziert sich die Fitness nur noch in einem geringeren Maß. Durch das exponentielle Verhalten, wenn die WER gegen 0 geht, sollte ein entsprechender Selektionsdruck in Richtung niedriger WER existieren.

Um eine Division durch 0 zu vermeiden, wurde ein Cutoff der Funktion ab einem WER-Wert von 0,04 gewählt. Dies entspricht einer Fehlerrate von 4 % und liegt unterhalb der mittleren Fehlerrate der drei *large*-Whispervarianten über alle SNR-Level und Geräuscharten auf dem TTS-Datensatz, dem Datensatz mit den niedrigsten Fehlerraten. In CoSy und auch für die Optimierungsversuche wird das *medium*-Modell auf allen Datensätzen getestet. Dieses Modell erzielte über alle Datensätze gemittelte eine Fehlerrate von 14,9 %. Somit ergibt dies einen plausiblen Grenzwert für die Optimierungsfunktion.

Optuna
Der Python-Code für die Optimierungsversuche mit Optuna basiert auf der grundlegenden Struktur, die auch in der Optuna-Dokumentation dargestellt ist. Ein Versuchsaufbau wird in Optuna durch ein `study`-Objekt verwaltet und kann mit nur einer Zeile Code, wie in Pseudocode 4.1, definiert werden. Hierbei werden Standardwerte für die Einstellungen

```
study = optuna.create_study()
```

Code 4.1: Erzeugen eines `study`-Objekt mit Optuna.

gewählt. So wird beispielsweise der TPE-Sampler als Samplealgorithmus verwendet.

Von diesem `study`-Objekt kann nun die `optimize`-Funktion aufgerufen werden, welche die Optimierung im Rahmen der in der Studiendefinition und Funktionsaufruf übergebenen Parameter ausführt. Zusätzlich muss nur eine Evaluationsfunktion definiert werden, die einem Lösungskandidaten eine Güte (Fitness) zuweist. In diesem Fall wird die in Formel 4.1 definierte Funktion genutzt. Für die Evaluation müssen die Audiodateien zunächst durch die Pluginketten verarbeitet werden. In Pseudocode 4.1 ist der Aufbau der gesamten Evaluationsfunktion schematisch umrissen.

```
function evaluate(candidate, files)
    shuffle(files)
    processed_files = process(files)
    transcripts = transcribe(processed_files)
    fitness = evaluation_function(transcripts)
```

Pseudocode 4.1: Evaluationsfunktion zur Bewertung einer Pluginketten-Instanz.

Für die Nutzung mit Optuna ist der Code dahingehend angepasst, dass der Funktion ein `trial`-Objekt von Optuna übergeben wird und aus diesem eine Parameterbelegung gezogen wird. Dafür muss definiert werden, welche Variablen gezogen werden sollen und diese entsprechend in die genutzte Modellierung formatiert werden. In diesem Fall werden Integerwerte und Floatwerte generiert, sodass diese zu einem Objekt wie in Tabelle 4.1 beschrieben, zusammengesetzt werden können. Diese Belegung wird anschließend ausgewertet. Der Aufbau des Programms ist vereinfacht im Pseudocode 4.2 dargestellt oder als vollständiger Pythoncode in dem beigelegten Code zu finden.

```
function evaluate(trial)
    result = fitness(trial)
    return result

function main()
    pruner = optuna.pruners.Pruner()
    sampler = optuna.samplers.TPESampler()

    study = optuna.create_study(sampler, pruner, parameter)
    study.optimize(evaluate, parameter)
```

Pseudocode 4.2: Aufbau des Optimierungsskripts mit Optuna.

Aus den in Optuna verfügbaren Samplern wurden für die Experimente drei ausgewählt: Der *TPE-Sampler*, der *CmaEs-Sampler* und der *QMC-Sampler*. Algorithmen wie *Grid Search* oder *Brute Force* wurden nicht ausgewählt. Eine vollständiges Prüfen des Suchraums mit Brute Force ist nicht plausibel für das gegebene Problem, da der Suchraum zu groß ist. Wie in Tabelle 4.1 gezeigt, sind die Werte für die Parameter Fließkommazahlen. Standardmäßig eingestellt wählt die Optunafunktion `trial.suggest_float` Werte im gesamten Fließkommabereich zwischen zwei Grenzwerten (hier 0,0 und 1,0) mit einer Genauigkeit von 18 Nachkommastellen aus. Um den Suchraum einzuschränken wurde die Schrittweite dieser Funktion für alle Optimierungsversuche auf 0,1 gesetzt. Hierdurch ist es grundsätzlich möglich, dass ein lokales oder globales Optimum nicht exakt getroffen werden kann, wenn es nicht genau auf einen solchen Wert fällt. Insgesamt sollte dies für den sehr großen Suchraum eine untergeordnete Rolle spielen. Selbst mit dieser Einschränkung umfasst der Suchraum für nur zehn Parametern 10^{10} Möglichkeiten. Eine Datei zu verarbeiten und transkribieren benötigt im Schnitt zwischen 10 und 12 Sekunden. Somit ist eine Überprüfung aller möglichen Parameterkombinationen nicht realistisch. Das gleiche gilt für Grid Search, da hierfür ein Kompromiss zwischen der Anzahl von Lösungskandidaten und der Abdeckung des Suchraums eingegangen werden muss.

Der TPE-Sampler ist der Standard-Samplingalgorithmus für Optuna und wurde aus diesem Grund für die Experimente ausgewählt. Dieser Sampler wird in der Dokumentation für sämtliche Optimierungsaufgaben empfohlen, in denen keine Parallelisierung genutzt wird. Es wird der *Tree-structured Parzen Estimator*-Algorithmus verwendet [92]. Dabei werden intern zwei *Gaussian Mixture Models* (GMM) [74] an den bisher gesehenen Parameterbelegungen angepasst. GMMs modellieren die Verteilung von Datenpunkten auf Basis von mehreren Gauss-Wahrscheinlichkeitsverteilungen. Basierend auf diesen Modellen werden neue Parameterbelegungen gewählt. Die Implementierung in Optuna unterstützt das gesamte Featureset von Optuna für Sampler, wie Multiobjective-Optimierung, Batchoptimierung oder Pruning. Die Laufzeit ist mit $\mathcal{O}(dn \log n$ pro Optimierungsschritt angegeben, mit d als die Anzahl der Dimensionen des Suchraums und n der Anzahl der bisher beendeten Optimierungsschritten. Für alle Experimente gilt in dieser Problemmodellierung $d =$ Anzahl der Plugins $\times$ 115.

Der CmaEs-Sampler verwendet den *Covariance matrix adaptation Evolution strategy*-Algorithmus [39]. Dieser Algorithmus verwendet einen evolutionären Ansatz, um Parameter-Kandidaten zu variieren. Deshalb wurde dieser Sample-Algorithmus zum Testen ausgewählt, um ebenfalls einen auf Evolution basierenden Algorithmus in Optuna zu testen. Durch Anpassung der Kovarianzmatrix wird intern die Topologie des Suchraums gelernt und die Auswahl neuer Lösungskandidaten darauf basiert. In Optuna ist die Implementierung des CmaEs-Samplers im Gegensatz zum TPE-Sampler in den unterstützten Features leicht eingeschränkt. So werden etwa kategorische Variablen nicht unterstützt und Parallelisierung ist nicht vollständig effizient implementiert. Die Laufzeit wird in der Dokumentation mit $\mathcal{O}(d^3)$ pro Optimierungsschritt angegeben.

Der QMC-Sampler (*Quasi Monte-Carlo*) [13] funktioniert grundlegend ähnlich wie ein Random-Sampler. Im Gegensatz zu diesen wird die nächste Belegung so gewählt, dass die Sequenz möglichst diskrepanzarm ist. Dies bedeutet, dass der mögliche Suchbereich von allen bisher gewählten Belegungen möglichst gleichmäßig abgedeckt wird. Aus diesem Grund wurde dieser Sampler für die Tests ausgewählt, da dieser grundsätzlich gewährleistet, dass der gesamte Suchraum gleichmäßig ausgenutzt wurde. Es wurde experimentell gezeigt, dass dadurch bessere Ergebnisse in der Hyperparameteroptimierung erzielt werden können im Vergleich zu rein randomisierten Samplern. Dieser Sampler wurde ebenfalls für die Testreihe untersucht, da die Optuna-Implementation die gewünschten Features unterstützt und seine Laufzeit mit $\mathcal{O}(dn)$ pro Sampleschritt niedrig ist im Vergleich mit den anderen gewählten Samplern.

Evolutionäre Algorithmen mit DEAP

Für die Optimierungsversuche mit evolutionären Algorithmen wurde ein Python-Skript erstellt, dass sich an der Struktur eines Beispielcodes aus der DEAP-Dokumentation orientiert. Ein solches Skript besteht grundlegend aus einem Setup-Teil, Funktionsdefinitionen und einer Haupt-Schleife.

Im Setup-Teil werden die einzelnen Bestandteile und Funktionen definiert. Dabei stellt die DEAP-Klasse `creator` Funktionen zur Definition der Individuen und Fitnessfunktionen bereit. Diese Baupläne können über die `register`-Funktion der `toolbox`-Klasse zusammengefügt werden. Eine `toolbox`-Instanz hält in

DEAP alle Variablen und Funktionen zusammen und vereinfacht den Zugriff auf diese, indem sich eine konkrete Funktion hinter einem Alias verbirgt. Somit wird ermöglicht beispielsweise die Evaluationsfunktion zu tauschen. Dazu muss nur an einer Stelle im Code – in der Registrierung der Evaluationsfunktion – der Name der Funktion ersetzt wird. An allen anderen Stellen wird lediglich das Alias aufgerufen.

Der Python-Code orientiert sich an der Implementation von klassischen Genetischen Algorithmen wie durch Holland beschrieben [42]. Der Aufbau hierfür ist im Pseudocode 4.3 dargestellt.

```
function evaluate(individuals):
    result = fitness(individuals)
    return result

function generate_new_population(individuals):
    // perform crossover and mutation on individuals
    return new_population

function generate_individual()
    return individual

function run_evolution(population, parameters):
    // Main loop
    for gen < max_generations do:
        evaluate(population)
            generate_new_population(population)

function main():
    // setup of DEAP parameters
    parameters = ...
    population = deap.generate_population(generate_individual)

    run_evolution(population, parameters)
```

Pseudocode 4.3: Aufbau des Optimierungsskript mit DEAP.

Selektionsstrategien

In der konkreten Implementierung wurden unterschiedliche Selektions- Crossover- und Mutationsstrategien getestet. Holland beschreibt in seinem Buch die *Proportional Selection*, auch *Roulette Wheel Selection* genannt. Hierbei werden den Individuen eine Wahrscheinlichkeit zur Auswahl als Elternteil für die nächste Generation zugeteilt, welche direkt proportional mit der Fitness des Individuums zusammenhängt. Die Wahrscheinlichkeit p_i für ein Individuum i mit Fitness f_i in einer Population der Größe N wird durch die Formel 4.2 berechnet.

$$p_i = \frac{f_i}{\sum_{j=1}^{N} f_j} \tag{4.2}$$

Jedes Individuum in der Folgegeneration wird durch eine eigene Zufallszahl bestimmt. Dieser Algorithmus bringt allerdings einige Nachteile mit sich [15]. So funktioniert diese Berechnung nur mit positiven Fitnesswerten. Auch kann durch das separate Wählen einer Zufallszahl für jedes Individuum die Anzahl an tatsächlichen Nachkommen pro Individuum stark von der erwarteten Anzahl abweichen. Eine verbesserte Version dieses Algorithmus wurde mit *Stochastic Uniform Sampling* (SUS) von Baker entwickelt [11]. Hierbei werden alle Individuen basierend auf einer einzelnen Zufallszahl gleichverteilt ausgewählt. Der Algorithmus ist in Pseudocode 4.4 dargestellt. Wird die proportionelle Fitness verwendet, wird dies auch als PSUS bezeichnet.

```
function sus(population, k):
  total_score ← sum(population.fitness)
  pointer_distance ← total_score / k
  start_point ← random(0.0, pointer_distance)
  pointer ← [start_point + i * pointer_distance for i in range(k)]
  selection = []
  sum = 0

  for index, instance in enumerate(population) do:
    sum ← sum + instance.score
    while sum ≥ pointer[index] do
      selection ← selection ∘ instance
  return selection
```

Pseudocode 4.4: Auswahl der Individuen nach SUS-Algorithmus.

Als weiterer Selektionsmechanismus wird ein *Linear Ranking Selection*-Algorithmus evaluiert. Bei diesem ist die Auswahlwahrscheinlichkeit eines Individuums nicht direkt von seiner Fitness abhängig. Stattdessen wird die Population anhand der Fitness sortiert.

Dieser Mechanismus geht auf ebenfalls Baker zurück [11]. Die Auswahlwahrscheinlichkeiten für die Individuen mit Rang i in der sortierten Population von Größe N lassen sich nach Formel 4.3 berechnen.

$$p_i = \frac{1}{N} \cdot \frac{i}{N-1} \tag{4.3}$$

Die Auswahl der Individuen kann mittels einzelner Ziehungen wie bei der Roulette Wheel Selection oder mittels Stochastic Uniform Sampling erfolgen. Hierbei gelten entsprechend die gleichen Vor- und Nachteile.

Neben PSUS wird auch der *Tournament Selection*-Algorithmus [15] getestet. Hierbei wird zufällig eine feste Anzahl von Individuen aus der Population in die Vorauswahl aufgenommen und aus dieser Vorauswahl das Individuum mit der höchsten Fitness ausgewählt. In Pseudocode 4.5 ist dieser Algorithmus skizziert.

```
function tournament_selection(population, k):
  length ← |population|
  selection ← random_sample(population, k)
  winner ← max(selection, key = fitness)
  return winner
```

Pseudocode 4.5: Auswahl der Individuen nach TOUR-Algorithmus.

Dieser Ansatz ist in der Implementierung sehr simpel. Über den Parameter der Tournament-Größe k kann das Verhalten eingestellt werden. Höhere k-Werte führen dazu, dass Individuen mit niedrigeren Fitnesswerten seltener die Auswahl gewinnen. Dies kommt daher, dass immer nur das Individuum mit der höchsten Fitness aus der Vorauswahl gewinnt. Bei einer mehr Individuuen in der Vorauswahl ist es wahrscheinlicher, dass ein Individuum mit höherer Fitness in dieser vertreten ist.

Für alle Selektionsstrategien kann ein *Elitismus*-Mechanismus hinzugefügt werden [97]. Hierbei werden ein oder mehrere Individuen vor der Selektion sicher in die neue Generation mit aufgenommen. Dazu werden zumeist die absolut besten bisher gefundenen Individuen oder die besten Individuen aus der vorherigen Iteration direkt ausgewählt. Hierbei ist zwischen Exploration und Ausnutzung abzuwägen. Durch das Wiederverwenden bereits bekannter Individuen wird die Exploration verringert, allerdings sinkt auch das Risiko, Individuen mit hoher Fitness durch Zufall an den Selektionsmechanismus zu verlieren. In dieser Arbeit wird durch den Elitismus-Mechanismus das beste bisher gefundene Individuum in eine Generation übernommen.

Crossoverstrategien

Die Generierung neuer Individuen aus zwei Eltern-Individuen kann ebenfalls auf unterschiedliche Weisen erfolgen. Für die gewählte Modellierung werden neue Individuen mittels einer Crossover-Operation gebildet [93]. Dazu werden die Pluginlisten der Eltern-Individuen miteinander kombiniert. Dies orientiert sich an dem reellen Gencrossover, der beispielsweise bei der Zellteilung auftritt.

Ein einfacher Crossover-Operator ist der *Single Point Crossover* (SPX). Hierbei werden die Pluginlisten an einem festen Punkt überkreuzt und zu zwei neuen Listen rekombiniert. Der Crossover-Punkt wird fest für beide Listen gleich gewählt. Die genutzte Implementierung kann Listen unterschiedlicher Längen kombinieren, da der Crossover-Punkt immer innerhalb der kürzeren Liste liegt. Die Längen der neuen Listen ist dadurch immer gleich der Längen der Ausgangslisten. Der Algorithmus ist in Pseudocode 4.6 dargestellt.

```
function single_point_crossover(list_1, list_2):
  min_length = min(|liste_1|, |liste_2|)
  crossover_point = random(0, min_length)
  new_list_1 = list_1[:crossover_point] ∘ list_2[crossover_point:]
  new_list_2 = list_2[:crossover_point] ∘ list_1[crossover_point:]

  return new_list_1, new_list_2
```

Pseudocode 4.6: Generation neuer Individuen nach dem SPX-Operator.

Fällt der Crossoverpunkt auf den Index 0, werden die gesamten Pluginlisten der Instanzen getauscht. Dies kann als *No-Operation* interpretiert werden. Sind die beiden Pluginlisten gleich lang, gilt das gleiche, wenn für den Crossoverpunkt den Index min_length gewählt wird.

Eine weitere Crossover-Strategie ist die *k Point Crossover*-Strategie. Allerdings werden hierbei k Crossover-Punkte gewählt. Da die Pluginketten in den Experimenten von sehr beschränkter Länge sind, wird $k = 2$ verwendet. Wie bei dem SPX-Operator ist die Länge der resultierenden Listen gleich der Ausgangslisten. Der Two Point Crossover-Operator ist in Pseudocode 4.7 dargestellt. Fallen die Crossoverpunkte auf den Index 0 oder bei gleicher Länge der Pluginlisten auf min_length, kann dies ebenso wie für den Single-Point-Crossover als No-Operation betrachtet werden. Liegen beide Crossoverpunkte auf dem Index entspricht das Verhalten dem des Single-Point-Crossovers.

```
function two_point_crossover(list_1, list_2):
  min_length = min(|liste_1|, |liste_2|)
  if min_length < 3 do:
    return single_point_crossover(list_1, list2)
  crossover_point_1 = random(0, min_length)
  crossover_point_2 = random(0, min_length)
  new_list_1 = list_1[:crossover_point] ∘ list_2[crossover_point:]
  new_list_2 = list_2[:crossover_point] ∘ list_1[crossover_point:]

  return new_list_1, new_list_2
```

Pseudocode 4.7: Generation neuer Individuen nach dem TPX-Operator.

Als dritter Crossover-Operator wird der *Universal Crossover*-Operator (UX) untersucht. Bei diesem wird für jede Position der beiden neu generierten Listen einzeln entschieden, welches Element welcher Eltern-Liste zu welcher Kind-Liste zugeordnet wird. Ist eine Eltern-Liste länger als die andere, werden die Elemente zufällig an die Kinder-Listen verteilt. Dadurch können die Längen der Kinder-Listen von Eltern-Listen abweichen. Die Summe an Plugins aus beide Listen bleibt allerdings gleich. In Pseudocode 4.8 ist der Algorithmus hierzu skizziert.

```
function universal_crossover(list_1, list_2):
  if |list_1| < |list_2| do:
    short = list_1
    long = list_2
  else do:
    short = list_2
    long = list_1

  new_list_1 = []
  new_list_2 = []

  for i in range(|short|) do:
    decision = random(0, 1)
    if decision == 1 do:
      new_list_1.append(short[i])
      new_list_2.append(long[i])
    else do:
      new_list_1.append(long[i])
      new_list_2.append(short[i])

  for i in range(|short|, |long|) do:
    decision = random(0, 1)
    if decision == 1 do:
      new_list_1.append(long[i])
    else do:
      new_list_2.append(long[i])

  return new_list_1, new_list_2
```

Pseudocode 4.8: Generation neuer Individuen nach dem UX-Operator.

Es gibt neben diversen Crossoverstrategien auch unterschiedliche Strategien, wie eine neue Generation zusammengesetzt werden soll. Dies wird in der Literatur auch *Ersetzungsstrategie* genannt [93]. Es ist beispielsweise möglich, nur einen Teil der neuen Generation mit Nachkommen zu ersetzen. Typischerweise werden Individuen mit niedriger Fitness ersetzt. Die neu generierten Individuen werden hierbei durch

Crossover und Mutation aus der vorherigen Generation erzeugt. Es ist möglich, dafür nur die Individuen zu betrachten, die ebenfalls in die nächste Generation übernommen werden oder auch eleminierte Individuen mitzubetrachten. Dies kann als Überleben der Kinder von sterbenden Eltern in der Natur interpretiert werden.

In der Implementation in dieser Arbeit wird die gesamte Population durch Nachkommen ersetzt. Jedes Individuum wird zunächst durch Crossover aus zwei Individuen der aktuellen Generation erzeugt und anschließend mit dem Mutationsoperator gegebenenfalls mutiert. Die Mutation wird auch auf Individuen ausgeführt, die mittels Elitismus-Mechanismus in die Nachfolgegeneration eingefügt werden. Dadurch soll die Exploration gefördert werden.

Neben Selektions-Strategie und Crossover-Strategie gibt es für evolutionäre Algorithmen noch weitere einstellbare Parameter. Dies ist beispielsweise die Populationsgröße, Ersetzungs-Strategie in der neuen Generation, Mutations-Strategie. In dieser Arbeit wurde sich auf die Selektions- und Crossover-Strategien sowie Populationsgröße beschränkt, um den Umfang der Arbeit zu reduzieren. Durch die Transkription mit Whisper und die Verarbeitung der Audiodateien, die eine nicht unerhebliche Zeit in Anspruch nehmen, waren in der Bearbeitungszeit weitreichendere Untersuchungen nicht möglich.

Mutationsstrategie

Mutationen neuer Individuen erfolgen angelehnt an die *Component Random Mutation*(CRM) [78]. Für die gewählte Modellierung wird eine zweistufige Mutation genutzt. Eine Komponente ist dabei entweder ein ein Parameter innerhalb eines Plugins oder ein Plugin innerhalb der Pluginkette. Jeder Parameter eines Plugins wird mit einer Wahrscheinlichkeit p_{param} mutiert. Dafür wird, wie in Formel 4.4 dargestellt, auf eine mutierte Komponente ein Zufallswert, gezogen aus einer Dreiecksverteilung, addiert.

$$param' = random.triang(0.0, param, 1.0) \tag{4.4}$$

Die Dreiecksverteilung wurde gewählt, da diese Zufallswerte generiert, die in einem festen Intervall liegen. Durch die Addition eines Zufallswertes aus einer Gaussverteilung wäre dies nur durch zusätzliches Begrenzen zwischen den Werten 0,0 und 1,0 möglich. Dadurch können je nach Implementierung ungewünschte Häufungen an den Rändern des Intervalls auftreten. Die Dreiecksverteilung bleibt immer in den festgelegten Grenzen, mit einer maximalen Wahrscheinlichkeit für den aktuellen Wert des Parameters. Zu den Grenzen des Intervalls sinkt die Wahrscheinlichkeit linear. Dadurch werden kleine Parameteränderungen wahrscheinlicher, große Änderungen bis hin zu den Maximalwerten 0,0 und 1,0 aber nicht ausgeschlossen. Neben den einzelnen Parametern kann eine Mutation auch ein ganzes Plugin in der Liste betreffen. Dazu können pro Mutation jeweils entweder zwei Plugins vertauscht werden, ein Plugin entfernt werden oder wenn die Länge der Pluginkette geringer als vier ist, ein neues Plugin hinzugefügt werden. Die Wahrscheinlichkeiten, dass eine Mutation auftritt, sind für alle Experimente festgelegt. Für eine Parametermutation liegt die Wahrscheinlichkeit bei $p_{param} = \frac{1}{114}$. Mit dieser Wahrscheinlichkeit sagt der Erwartungswert, dass sich eine Komponente pro Plugin in jeder Mutation ändern sollte. Dies geht auf Bremermann zurück [25]. Die Wahrscheinlichkeit für eine Mutation auf Pluginebene ist durch die Formel 4.5 gegeben.

$$p_{plugin} = (P \times D)/2 \tag{4.5}$$

P gibt die Populationsgröße an, D die maximale Anzahl an Plugins. Mit der Division durch 2 soll gewährleistet werden, dass im Schnitt für die Hälfte der Population eine Mutation auf Pluginebene stattfindet.

Vergleich der Ansätze

Im Vergleich zwischen DEAP und Optuna kommt ein Testaufbau mit Optuna mit deutlich weniger Code aus. Ein simpler Aufbau kann durch wenige Zeilen Code implementiert werden. Es muss lediglich ein `study` aus Optuna erzeugt werden, das alle relevanten Einstellungen und Funktionen bereithält. Von diesem `study`-Objekt kann mit der Funktion `optimize` direkt die Optimierung gestartet werden, wenn eine Evaluationsfunktion gegeben ist. Diese Funktion kann grundsätzlich in DEAP und Optuna gleich sein. Ein Unterschied ist dabei, dass in DEAP der Funktion ein Individuum übergeben wird und in Optuna ein `trial`-Objekt, das einen Versuch repräsentiert. Das Individuum beinhaltet direkt die Parameter für die Evaluationsfunktion, während in Optuna die Parameter von dem `trial`-Objekt entsprechend dem aktuellen Zustand und Sample-Algorithmus gezogen werden. Das getestete Skript für Optuna umfasst 170 Zeilen Code. Die Dokumentation zu Optuna ist äußerst umfangreich und detailliert, mit Quellenangaben zu spezifischen Algorithmen[1].

In DEAP muss jeder Schritt einzeln definiert werden, von der Definition eines Individuums, der expliziten Angabe aller benötigten Funktionen wie etwa Mutations- und Selektionsfunktion. Durch solchen Boilerplate-Code kommt der vergleichbare Code zur Optuna-Implementierung auf über 300 Codezeilen. Die Dokumentation für DEAP bietet ebenfalls vollständige Informationen zu allen Funktio-

[1] https://optuna.readthedocs.io/en/stable/reference/index.html, zuletzt geöffnet: 18.12.2024

nen, jedoch nicht ebenso ausführlich wie Optuna[2]. Auch ist die Dokumentation weniger übersichtlich aufgebaut und von weniger Beispielen unterstützt.

Der entscheidende Teil in beiden Implementationen, die Evaluationsfunktion, verwendet in allen drei Fällen fast die exakt gleiche Implementation, dargestellt in Pseudocode 4.1. Für die Implementierung in Optuna bestehen leichte Unterschiede, da hier der `evaluate`-Funktion das `trial`-Objekt übergeben wird, aus dem die Variablenbelegungen gezogen werden. Dies geschieht innerhalb der der `evaluate`-Funktion. Die `process_file`-Funktion ist ebenfalls für alle Implementationen gleich. Es wird ein Objekt übergeben, dass die Pluginkonfiguration, wie in Tabelle 4.1 beschrieben, enthält. Hieraus werden die in dem Instanzen definierten Plugins mit den entsprechenden Parametereinstellungen sequentiell auf jeder Datei angewendet.

Die Laufzeiten der Ansätze unterscheiden sich je nach der gewählten Strategien deutlich. In beiden Ansätzen macht die Transkription und das Verarbeiten der Audiodateien einen Großteil der benötigten Rechenzeit aus. Dabei hat die Anzahl der Dateien, die pro Iteration verarbeitet werden, einen direkten Einfluss auf die Laufzeit. Ohne Pruningstrategien kann der Zusammenhang als linear angenommen werden.

Bei DEAP kommt hierzu noch die Populationsgröße als Faktor hinzu. Für jedes Individuum der Generation muss jede Datei durch die Pluginkette verarbeitet und anschließend transkribiert werden. Die Anzahl dieser Operationen kann somit durch $N \times F$ bestimmt werden, wobei N die Populationsgröße und F die Anzahl der betrachteten Dateien pro Evaluation beschreibt. Die verschiedenen Selektions- und Mutationsstrategien haben ebenfalls unterschiedlich Laufzeiten, fallen aber gegenüber der Verarbeitung und Transkription in der Verarbeitungszeit wenig auf.

Für Optuna haben neben der Anzahl der zu evaluierenden Dateien die Samplingstrategien einen Einfluss auf die Laufzeit. Wie in Abschnitt 4.1 beschrieben, haben die Strategien sehr unterschiedliche Laufzeiten und hängen von verschiedenen Faktoren, wie der Größe des Suchraums oder der Anzahl bereits durchgeführter Iterationen, ab.

4.2 Durchführung

In diesem Abschnitt werden die Testreihen zur Optimierung der Pluginketten durchgeführt. Zunächst werden die die Testreihen mit Optuna durchgeführt und anschließend die Testreihen mit DEAP.

---

[2] https://deap.readthedocs.io/en/master/index.html, zuletzt geöffnet: 18.12.2024

Die verwendeten Python-Bibliotheken Optuna und DEAP wurden getrennt voneinander in Optimierungsversuchen verwendet. Für beide Bibliotheken gibt es jeweils verschiedene spezifische Einstellungsmöglichkeiten für die Optimierung, die unabhängig getestet wurden. Bei jedem Optimierungsproblem können für eine konkrete Modellierung und Zielfunktion unterschiedliche Einstellungen und Algorithmen zu besseren Ergebnissen führen beziehungsweise schneller zu einer Lösung konvergieren. Dazu wurden für die beiden Bibliotheken jeweils Testreihen zur Entscheidung dieser Einstellungen durchgeführt.

Optuna

Für die Optimierung mit Optuna stehen eine Reihe von Sampling-Strategien zur Auswahl. Insgesamt sind in der Bibliothek bereits 10 Strategien vorimplementiert, mit der Möglichkeit eigene Strategien zu nutzen. Für die Tests werden zunächst die drei in Unterabschnit 4.1 beschriebenen Sampler TPE, CmaEs und QMC auf einem kleineren Suchraum miteinander verglichen.

Da die Transkription und Verarbeitung der Audiodateien einige Zeit benötigt, wird für diese Tests die Anzahl der verwendeten Audiodateien reduziert. Pro Aufruf der Evaluationsfunktion werden maximal fünf Dateien betrachtet. Auch wird lediglich ein Plugin optimiert, um den Suchraum der Parameter gering zu halten. Die Laufzeit der Sampling-Algorithmen hängt zum Teil stark von der Größe des Suchraums ab. Ein Beispiel dafür ist etwa die Laufzeit von $\mathcal{O}(d^3)$ von CmaEs bei einer Suchraumgröße d. Als Plugin wurde daher das Plugin „iZotope RX10 Spectral De-noise“[3] ausgewählt. Dieses Plugin wurde für seine Anzahl an Parametern ausgewählt. Die Anzahl an Parametern der verfügbaren Plugins reicht von 4 bis zu 114. Der Median der Pluginanzahl beträgt 27. Dies entspricht der Anzahl an Parametern des Spectral De-noise Plugins. Somit wurde der Suchraum reduziert, um die Laufzeit auch für den CmaEs-Sampler niedriger zu halten.

Zum Pruning wird in allen Experimenten die *Wilcoxon*-Prunerstrategie verwendet. Diese basiert auf dem Wilcoxon-Signed-Rank-Test [95], einem Maß zur Bestimmung der Korrellation zwischen zwei Datenreihen während eine Datenreihe noch fortschreitet. Ein Evaluationsdurchgang wird abgebrochen, wenn mit einer Wahrscheinlichkeit von einem festen Wert der aktuelle Durchgang schlechter ist als der bisher beste Durchlauf. Für die Optimierung wurde diese Strategie gewählt, da diese

[3] https://www.izotope.com/en/products/rx/features/spectral-de-noise.html, zuletzt geöffnet: 18.12.2024

in der Optuna-Dokumentation als gut geeignet für aufwändige Bewertungsfunktionen beschrieben wird. In allen Experimenten liegt der Schwellwert p bei 90%. Für alle Experimente wurde der Wilcoxon-Pruner so eingestellt, dass mindestens zwei Dateien in jedem Evaluationsdurchgang geprüft werden müssen.

Für die Sampler-Auswahlläufe wurden jeweils 1.000 Iterationen durchgeführt. Diese Zahl wurde basierend auf der Dokumentation von Optuna gewählt. Für den TPE-Sampler wird eine Iterationsanzahl zwischen 100 und 1.000 empfohlen und für den CmaEs-Sampler eine Anzahl zwischen 1.000 und 10.000. Für den QMC-Sampler wird keine konkrete Anzahl von Testläufen empfohlen.

Aus den 1.000 Iterationen mit 5 Dateien pro Evaluation ergeben sich 5.000 Aufrufe der Evaluationsfunktion.

In der oberen Reihe ist die Evolution der besten Konfigurationen der einzelnen Läufe abgebildet. Es wurden jeweils fünf Läufe durchgeführt. Dazu wurde für jeden Sampler der Mittelwert über alle Läufe gebildet. Der CmaEs-Sampler lieferte Konfigurationen mit höchster Fitness. Die schlechtesten Läufe waren auf einem vergleichbaren Level zum TPE-Sampler. Bei diesem liegen die einzelnen Läufe dichter beieinander, insgesamt aber unter dem Level des CmaEs-Sampler. Der QMC-Sampler liegt deutlich unter den Fitnessleveln der anderen Sampler.

In der unteren Reihe sind alle vollständigen Versuche in den einzelnen Testläufe geplottet. Die besten TPE-Testläufe weisen deutlich weniger Varianz in Fitnessleveln auf als die übrigen Testläufe. Die QMC-Sampler-Testläufe sind deutlich diffuser als die der übrigen Sampler. Ein hohes Maß an Variabilität kann als ein hohes Maß an Exploration gedeutet werden.

Sampler-Testläufe

Für jeden Sampler wurde der Testaufbau fünffach durchgeführt und die Ergebnisse über diese Läufe gemittelt. Dabei wurden in der Auswertung nur Iterationen betrachtet, die nicht durch Pruning vorzeitig abgebrochen wurden. In einer abgebrochenen Evaluation werden weniger Testdateien betrachet, als in vollständigen. Außerdem gibt Optuna im Falle von Pruning den Fitnesswert für den letzten Zwischenschritt der Evaluationsfunktion zurück und keinen gemittelten Wert. Dadurch können deutlich höhere Werte angegeben werden, was die Kurven verfälschen kann.

Wie bereits erwähnt, wurde in den SamplerTestläufen die Parameter von nur einem festen Plugin optimiert, um den Suchraum zu verkleinern. Die Anzahl der Parameter bestimmt die Größe des Suchraums und beeinflusst somit die benötigte Rechenzeit für den Samplingalgorithmus.

Die Abbildungen 4.2a bis 4.2c bilden die Entwicklung der gemittelten Fitnessfunktionen für alle drei Sampler ab. In der Abbildung 4.2b ist zu erkennen, dass über diese fünf Testläufe der CmaEs-Sampler mit 21,4 den absolut besten Fitness-

Wert erreichte. Dies entspricht einer WER von 0,047. Auch der schlechteste Einzelauf erreichte mit 16,1 (0,062 WER) noch einen höheren Fitnesswert als das des TPE-Samplers mit 15,42 (0,065 WER). Nur zwei TPE-Läufe konnten den schlechtesten QMC-Lauf schlagen. Der QMC-Sampler erreichte nur in dem besten Lauf mit 14,5 (0,069 WER) den Fitnesswert des schlechtesten TPE-Sampler-Durchlaufs. Aus Abbildung 4.2f ist zu erkennen, dass dieser Fitnesswert ein Ausreißer war und anschließend nicht wieder erreicht wurde.

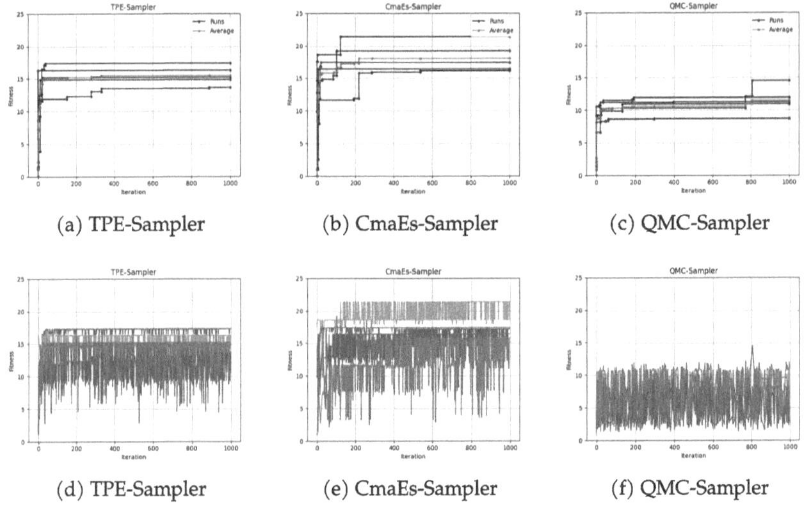

(a) TPE-Sampler (b) CmaEs-Sampler (c) QMC-Sampler

(d) TPE-Sampler (e) CmaEs-Sampler (f) QMC-Sampler

Abbildung 4.2 Fitness der Samplerauswahl-Testläufe

Für den TPE-Sampler wurden in vier der fünf Testläufe bereits nach wenigen Iterationen die maximalen Fitnesswerte erreicht. In den Testreihen der anderen Sampler konvertierten die Fitnesswerte erst nach einer höheren Anzahl von Iterationen. Mit dem CmaEs-Sampler wurde noch in der 217. Iteration ein Verbesserung der maximalen Fitness von 3,98 Punkten erreicht. Ein Testlauf mit dem QMC-Sampler wies noch in der 804. Iterationen einen Sprung von 2.5 Punkten in der maximalen Fitness nach.

In den Abbildungen 4.2d bis 4.2f sind die Fitnesswerte aller Iterationen abgebildet. Für den CmaEs-Sampler variierten die Fitnesswerte innerhalb der einzelnen Läufe stärker als für den TPE-Sampler. Dies kann als ein höheres Maß an Exploration gedeutet werden. Eine mögliche Interpretation ist somit, dass der CmaEs-Sampler den Suchraum besser abdeckte. Für den QMC-Sampler wiesen die Fitnesswerte die höchste Variation auf, allerdings bewegten sich diese für alle fünf Testläufe auf einem ähnlichen Niveau und erreichten, wie bereits erwähnt, nicht das Level der anderen Sampler. Aus der Darstellung wird ebenfalls deutlich, dass die beste Konfiguration aus dem erfolgreichsten Lauf für QMC einen Ausreißer darstellte. Kein weiterer Versuch erreichte dieses Fitnesslevel erneut. Aus den Graphen für TPE und CmaEs ist ersichtlich, dass sich die Fitnesslevel überwiegend in einem schmalen Bereich bewegten. Dies kann mit der Art und Weise zusammenhängen, wie die Sampler die Parameterbelegungen wählen. TPE und CmaEs bestimmen neue Parameterbelegungen auf der Basis der bisher getesteten Belegungen. Da QMC nahe mit einem Random-Sampler verwandt ist, wird der Suchraum nicht basierend auf bisherigen Fitnesswerten weiter erkundet.

Für CmaEs wurden auch die wenigsten Versuche vorzeitig durch Pruning beendet. 81,18 % der insgesamt 5.000 Tests über alle fünf Läufe wurden vollständig durchgeführt. In der Testreihe zu dem TPE-Sampler wurden 71,26 % Evaluationen vollständig durchgeführt, für den QMC-Sampler nur 34,28 %. Daraus kann geschlossen werden, dass durch den QMC-Sampler viele Belegungen vorgeschlagen wurden, die nur eine niedrige Fitness erreichten. Es kann also davon ausgegangen werden, dass ein großer Teil der Konfigurationen in dem Suchraum keine guten Verarbeitungsketten darstellen. Ein gleichmäßiges Abdecken des Suchraums erscheint somit nicht sinnvoll, da ein Bereich von Lösungen mit hoher Fitness nicht gezielt weiter erforscht wird.

Dadurch ergab sich für die Testreihe mit dem QMC-Sampler allerdings die kürzeste gemittelte Laufdauer mit 8:28 Stunden. Im Schnitt dauerte eine von 1000 Iteration somit nur etwa 30 Sekunden. Trotz deutlich mehr durchgeführten Evaluationen benötigte ein TPE-Samplertestlauf etwa gleich lang. Einen Durchlauf mit dem CmaEs-Sampler benötigte mit 10:20 Stunden deutlich länger. Die höhere Zeitkomplexität machte sich in dieser Testreihe erst leicht bemerkbar. Es sei zu erwähnen, dass die Testreihen für TPE und CmaEs auf gleicher Hardware liefen während die Testreihe zu dem QMC-Sampler auf etwas leistungsschwächerer Hardware lief.

In Tabelle 4.2 sind diese Analysen zusammengefasst. Für die ausführlichere Testrunde wurde, basierend auf den gesammelten Daten, der CmaEs-Sampler gewählt. In der Testreihe für diesen Sampler wurde sowohl die höchste Fitness in diesen Testreihen erreicht als auch die höchste gemittelte Fitness über die besten Fitnesswerte.

Tabelle 4.2 Zusammenfassung der Fitnesswerte der Sampler-Vorläufe

Samplealgorithmus	TPE	CmaEs	QMC
Maximale Fitness bester Lauf / WER	17,30 / 0,057	**21,40 / 0,0467**	14,50 / 0,0689
Maximale Fitness schlechtester Lauf / Lauf	13,59 / 0,0736	**16,40 / 0,0621**	8,66 / 0,116
Maximum gemittelter Lauf	15,42 / 0,0649	**18,10 / 0,0552**	11,44 / 0,0874
Gemittelte Laufdauer (in h:m)	8:47	10:20	**8:28**
Gemittelte Iterationsdauer (in min)	0,527	0,620	**0,508**
% beendete Iterationen	71,26 %	**81,18 %**	34,28 %

Kettenlängen-Testläufe

Für die abschließenden Testläufe zu unterschiedlichen Pluginkettenlängen wurden in jedem Iterationsschritt 20 Dateien betrachtet. Es wurden drei parallele Testläufe mit jeweils unterschiedlicher Kettenlänge durchgeführt. Jeder Testlauf verwendete grundlegend die gleichen Einstellungen wie in den Testreihen zu den Samplerstrategien. Als Sampler wurde der CmaEs-Sampler genutzt. Alle verfügbaren Plugins können in dieser Testreihe in der Pluginkette verwendet werden. In Anhang 6 im elektronischen Zusatzmaterial sind alle diese Plugins aufgelistet. In der Optimierung wird durch den Samplealgorithmus die Auswahl der Plugins, deren Reihenfolge und die Parameter der einzelnen Plugins geändert.

Als Tiefen der Pluginketten wurden arbiträr vier, sieben und zehn Plugins gewählt. Es wurden drei feste Pluginkettenlängen gewählt, um die Anzahl an Testversuchen und damit verbundener Rechenzeit zu beschränken. Pluginketten der Länge acht sind für die Stimmbearbeitung in der Musikproduktion nicht ungewöhnlich. Daher wurde zehn als maximale Länge für eine Pluginkette in diesen Tests gewählt, um etwas Spielraum zu gewähren. Anders als bei der Optimierung mit DEAP sind die Pluginkettenlängen in Optuna fest.

Die Evaluation der Pluginketten sollte für diese Testreihe auf 100 Testdateien durchgeführt werden. In den vorherigen Testreihen wurde eine Pluginkette auf lediglich fünf Dateien evaluiert. Dies hatte das Ziel dadurch eine allgemeingültigere Geräuschentfernung zu finden, da die Vorverarbeitung auf mehr unterschiedliche Testdateien getestet wurde. Für die längeren Pluginketten war diese höhere Dateianzahl aus Zeitgründen nicht untersuchbar. Wie bereits in Abschnitt 4.1 beschrieben, hat der CmaEs-Sampler eine Laufzeit von $\mathcal{O}(d^3)$. Für vier Plugins konnten Trainingsläufe mit 1000 Generationen auf der verfügbaren Hardware (siehe Anhang 6 im elektronischen Zusatzmaterial) in annehmbarer Zeit durchgeführt werden. Für Pluginketten der Länge sieben und zehn wurde die Laufzeiten zu groß. Bei zehn Plugins hätte ein vollständiger Testlauf schätzungsweise 28 Tage benötigt. Diese Abschätzung stammt aus dem Python-Tool *tqdm*[4] nach 70 gelaufenen Iteration in 50 Stunden. Daher wurde die Dateianzahl auf 20 reduziert, da dies Rechenzeit an Transkriptions- und Verarbeitungsdurchgängen einspart.

In Abbildung 4.3a ist die Entwicklung der besten Fitnesswerte für die Testreihe mit unterschiedlichen Pluginkettenlängen abgebildet. Es ist zu erkennen, dass ein höherer Fitnesswert für Testläufe mit einer längeren Pluginkette erreicht wurde. Der höchste Fitnesswert von 14,50 wird mit einer Bearbeitungskette mit zehn aneinandergereihten Plugins erreicht. Allerdings liegen die maximalen Werte der kürzeren Verarbeitungsketten mit 13,15 für die Kette der Länge sieben und 11,59 für die Kette der Länge vier nur knapp darunter. In WER übertragen ergibt das Fehlerraten von 6,89 % für eine Pluginkette der Länge vier, 7,6 % für Länge sieben und 8,63 % für Länge vier.

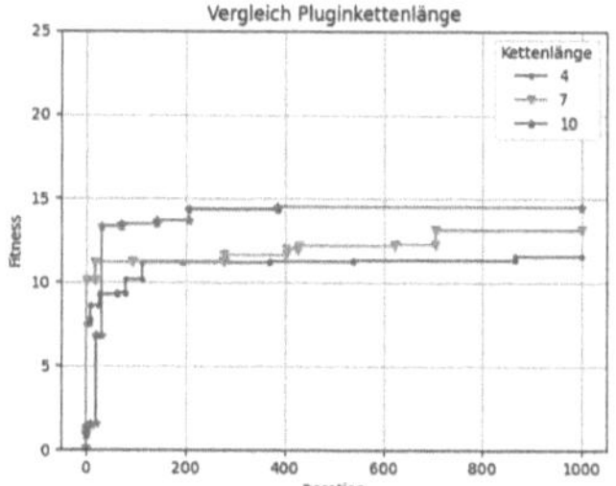

(a) Maximale Fitness der Iterationen in den Testläufen mit verschiedenen Pluginkettenlängen.
Die Kurven geben den maximalen bisher erreichten Fitnesswerte in den Testläufen an. Für alle drei Kettenlängen liegen die erreichten Fitnesswerte innerhalb von 2,92 Punkten. Je länger die Pluginkette, desto höher die Fitness der besten gefundenen Kombination.

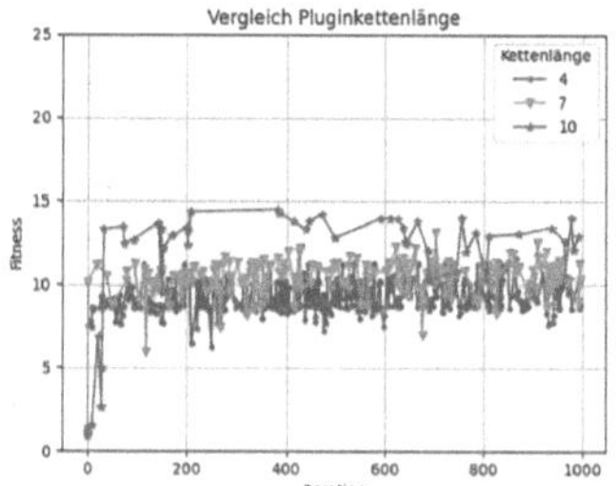

(b) Fitness der Iterationen in den Testläufen mit verschiedenen Pluginkettenlängen.
Die Kurven bilden die Fitness jeder vollständigen Iteration dar. Es ist zu erkennen, dass für Kettenlänge zehn bereits früh die beste gefundene Kombination erreicht wurde. Für Kettenlänge vier und sieben sind deutlich mehr Iterationen vollständig evaluiert worden. Für alle drei Testreihen liegen die Fitnesswerte auf einem ähnlichen Level.

Abbildung 4.3 Fitnesskurven für die Testläufe mit verschiedenen maximalen Pluginkettenlängen für Optuna

[4] https://tqdm.github.io, zuletzt geöffnet: 18.12.2024

Aus Abbildung 4.3b ist zu erkennen, dass für alle drei Testläufe bereits in den ersten 120 Iterationen Konfigurationen gefunden wurden, deren Fitness nahe an die final beste gefundene Fitnesswerte heranreichen. Für den Testlauf zu Pluginkettenlänge zehn wurde in Iteration 33 eine Fitness von 13,31 erreicht. Der Unterschied zur besten erreichten Fitness liegt nur bei 1,19. Nur in dem Testlauf mit Kettenlänge sieben ist eine Verbesserung von mehr als 0,5 Punkten nach Iteration 500 gefunden worden.

Das sind deutlich bessere Fehlerraten als im Vergleich zu den Ergebnissen aus der Störempfindlichkeitsanalyse in Kapitel 3. Für die verschiedenen Läufe liegen die Fehleraten bei 0,32 WER für eine Kettenlänge von vier, 0,28 WER und 0,24 WER für Verarbeitungsketten der Länge sieben und zehn. Die Fehlerraten wurden auf den selben Dateien gemessen, die für die jeweiligen Optimierungsläufe verwendet wurden. Der Vergleich zwischen ursprünglicher WER und der Fehlerrate nach der Optimierung zeigt, dass die Verarbeitungskette der Länge vier relativ betrachtet die größte Verbesserung hervorbrachte. Allerdings ist der Unterschied von einer Verbesserung von 73,0 % zu 71,3 % für die Verarbeitungskette der Länge 10 nur sehr gering. In Tablle 4.3 sind die Ergebnisse der finalen Testläufe tabellarisch zusammengefasst.

Tabelle 4.3 Zusammenfassung der Testläufe zu Pluginkettenlänge

Kettenlänge	4	7	10
Maximale Fitness bester Lauf / WER	11,59 / 0,0863	13,15 / 0,0760	**14,50 / 0,0689**
Verbesserung (in %)	**73,0**	72,9	71,3
Laufdauer (in h:m)	**33:22**	154:12	190:14
Gemittelte Iterationsdauer (in min)	**2,002**	9,252	11,414
% beendete Iterationen	**40,6**	18,6	5,0
Beste Konfiguration	4,4,4,5	5,1,5,6,7,2,8	4,8,6,4,2,1,4,3,5,8

Die Testläufe benötigten für eine Pluginkette von Länge vier 33:22 Stunden bei 100 Dateien, für eine Länge von sieben bei 20 Dateien 154 Stunden und für eine Länge von zehn bei 20 Dateien 190 Stunden.

Alle drei Testreihen fanden nach wenigen Iterationen bereits Verarbeitungsketten, die dicht an die final beste Fitness heranreichen. Eine hohe Anzahl an Iterationen wäre nicht nötig gewesen. Je länger die Pluginkette, desto weniger Versuche werden vollständig durchgeführt. Die Pruningrate für den Testlauf mit Kettenlänge zehn lag bei 95 %. Dies ist auch in Abbildung 4.3b zu erkennen. Die Kurve für Kettenlänge zehn setzt sich aus deutlich weniger Datenpunkten zusammen als die Kurven für die beiden anderen Testläufe. Für den Optimierungsversuch mit Kettenlänge vier liegt die Pruningrate bei 59,4 %.

Im Vergleich zu den Testreihen der Vorversuche zu den Samplerstrategien in Abbildung 4.2 und Tabelle 4.2 wird die viel höhere Berechnungszeit deutlich. Die Iterationszeiten sind selbst bei deutlich weniger Dateien in den Testreihen mit Kettenlänge sieben und zehn zu der Testreihe mit Kettenlänge vier höher. Allerdings wächst die Iterationsdauer nicht im gleichen Maße wie die rechnerische Laufzeit des CmaEs-Samplers vermuten lässt. Da diese sich mit $\mathcal{O}(d^3)$ entwickelt und $d = |Plugins| \times 115$, sollte sich mathematisch ein Faktor von $\approx 2,292$ zwischen den beiden längeren Pluginketten ergeben. Tatsächlich liegt nur ein Faktor von $\approx 1,234$ zwischen den Berechnungsdauern der Testläufe. Durch die Reduktion der Anzahl von Dateien pro Evaluationsschritt auf 20 % liegt nahe, dass die Laufzeit um 20 % des erwarteten Faktors steigt. Dies ist allerdings ebenso nicht der Fall. Ein Grund hierfür kann das Pruning sein. 95 % der Versuche wurde vorzeitig abgebrochen und dadurch die Gesamtdauer des Testlaufs reduziert.

Zwar zeigt diese Testreihe, dass scheinbar eine längere Pluginkette zu besseren Transkripten führt, allerdings betrug die Laufzeit des Testlaufs mit Kettenlänge zehn bereits 190 Stunden. Dies entspricht beinahe acht Tagen Rechenzeit. Ein anschließender Testlauf mit einer höheren Kettenlänge war in dem Zeitrahmen dieser Arbeit nicht möglich.

Die besten gefundenen Pluginketten aus den Testläufen mit Kettenlänge sieben und zehn verwenden diverse unterschiedliche Plugintypen. In der Pluginkette mit Länge sieben wird nur ein einziges Plugin doppelt verwendet. In der Pluginkette mit Länge zehn sind es zwei Plugins, die mehrfach genutzt werden. Das Plugin mit der Typbezeichnung 4 wird dreimal verwendet. Bei diesem Plugin handelt es sich um um ein Kompressor-Plugin. Die Pluginnamen werden in Tabelle 6 nach den numerischen Bezeichnern aufgeschlüsselt. Dagegen treten in der Pluginkette mit Länge vier nur zwei unterschiedliche Plugins auf, wobei das Kompressor-Plugin mit Typbezeichnung 4 dreimal in Reihe verwendet wird.

DEAP

Für die Testreihen zur Optimierung mittels evolutionärer Algorithmen mit DEAP sind mehr Einstellungen zu wählen. Zentral ist dabei die Auswahl der Selektionsstrategie. Die Strategien unterscheiden sich in verschiedenen Punkten, wie etwa der erwarteten Reproduktionsrate der Individuen oder Selektionsdruck. Diese Faktoren wurden bereits in anderen Arbeiten analysiert [15]. Die verwendeten Strategien sind in Unterkapitel 3 Evolutionäre Algorithmen beschrieben. Weiter stehen unterschiedliche Mutationsstrategien der Individuen in einer neuen Generation zur Auswahl. Schließlich kann auch noch die Populationsgröße angepasst werden. Das schrittweise Auswählen der Strategien ist inspiriert durch die Vorgehensweise von Schrader in der Arbeit zur Optimierung von Farbquantisierungs mit evolutionären Algorithmen [78].

Wie in den Testreihen für Optuna in Unterabschnitt 4.2 wurden für jeden Aufruf der Evaluationsfunktion fünf Dateien betrachtet. Im Gegensatz zu Optuna bietet DEAP keine Pruning-Strategien an. Die Evaluationsfunktion wurde um eine solche Funktionalität für DEAP erweitert. Als Pruning-Strategie wurde sich hierbei an der einfachen Implementation eines *Median-Pruners* orientiert[5]. Dieser beendet eine Iteration vorzeitig, wenn nach einer vorher festgelegten Anzahl von Schritten in der Evaluationsfunktion der durchschnittliche Fitnessscore über die bisher evaluierten Dateien kleiner als die halbe Fitness des besten bisher gefundenen Individuums ist. In Anhang 6 im elektronischen Zusatzmaterial ist dies in Pseudocode dargestellt. Für die Auswahl-Testläufe wurde diese Funktionalität nicht genutzt.

Die Generationenzahl wurde arbiträr auf 200 festgelegt. Multipliziert mit der Anzahl der Populationsgröße und Dateien pro Evaluation, ergibt sich eine Anzahl von 4.000 Vorverarbeitungen und Transkriptionen für einen Durchgang. Vrajitoru hat gezeigt, dass eine geringere Anzahl an Iterationen nicht hinderlich sein muss [91]. Wichtiger ist stattdessen, alle Individuen mit dem gleichen Stoppkriterium behandelt werden [72]. Alle Testversuche werden nach einer festen Iterationenzahl gestoppt und somit gleich behandelt.

Selektionsmechanismus-Testläufe

In der ersten Testreihe wurden die Selektionsstrategien miteinander verglichen. Dazu wurden alle übrigen Parameter für alle Tests gleich arbiträr festgesetzt. Zum Erzeugen neuer Individuuen wurde die Single-Point-Crossover-Strategie verwendet.

Die Populationsgröße wurde aus Laufzeitgründen mit vier Individuen niedrig angesetzt. Individuen bestehen aus Pluginketten mit maximal vier Plugins. Da die Crossover-Strategien nur ganze Plugins innerhalb einer Kette betreffen, kann nicht nur ein einzelnes Plugin optimiert werden wie in den Testläufen zu Optuna. Die Liste der auswählbaren Plugins für die Vorläufe wurde auf vier zufällige Plugins eingeschränkt. Bei diesen handelte es sich um die Plugins „Acon Digital Extract Dialogue", „RX10 De-clip", „RX10 De-crackle" und „RX10 De-hum". Daraus

[5] https://optuna.readthedocs.io/en/stable/reference/generated/optuna.pruners.MedianPruner.html, zuletzt geöffnet: 18.12.2024

ergab sich eine Reduktion der Suchraumgröße. Für die vorläufigen Testreihen war das Konvergenzverhalten der Testreihen relevanter als die tatsächlich gefundenen Pluginketten.

In Abbildung 4.4 ist die Entwicklung der besten Individuen der Testläufe mit den unterschiedlichen Selektions-Strategien abgebildet. Das beste Individuum aller Testläufe wurde mit der eTOUR3-Selektion gefunden. Der Fitnesswert lag bei 20,29, was einer Word Error Rate von 0,049 entspricht. Nur knapp darunter lag das beste Individuum aus der LINR-Testreihe mit einer Fitness von 19,475 (0,051 WER). Es ist zu beobachten, dass bei diesen Testreihen nur für die TOUR3-Selektion die Elitismus-Variante eine Verbesserung der maximalen erreichten Fitness ergeben hat. Für LINR und PSUS resultierten die Elite-Testläufe in niedrigerer Fitness. Aus den Abbildungen ist zu erkennen, dass für ePSUS nur ein Testlauf den Median der PSUS-Testreihe schlagen konnte. In den eLINR-Testläufen in Abbildung 4.4e erreichte kein Testlauf die mittlere Fitness der LINR-Testläufe. Allerdings wird das Mittel für eLINR durch zwei Läufe mit sehr niedriger Fitness deutlich gedrückt.

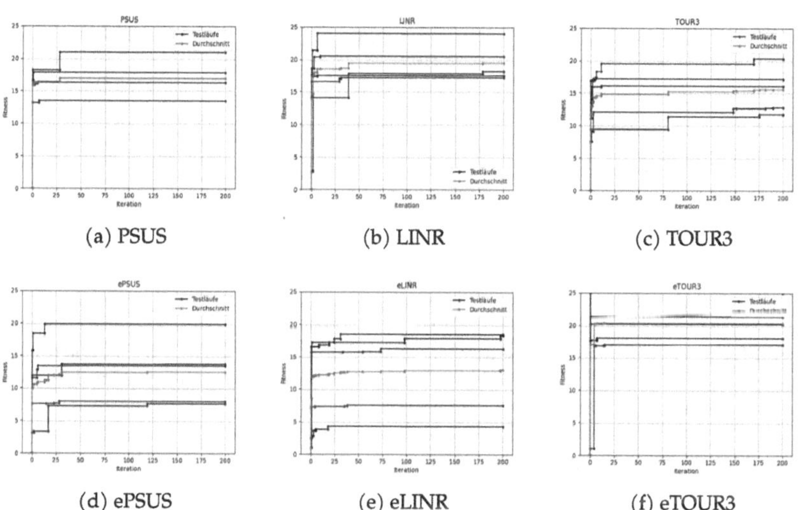

(a) PSUS (b) LINR (c) TOUR3

(d) ePSUS (e) eLINR (f) eTOUR3

Abbildung 4.4 Fitness der Selektion-Testläufe je Selektionsmechanismus. Die Kurven zeigen die Entwicklung der Fitness des besten bisher gefundenen Individuums für jeden Testlauf. Die absolut höchste Fitness und gemittelte Fitness wurde mit dem eTOUR3-Selektionsmechanismus erreicht. Die eTOUR3-Selektionsstrategie führte zu den höchsten Fitnesswerten, knapp vor LINR. eLINR und ePSUS resultieren in den niedrigsten Fitnesswerten

Die Abbildung 4.5 zeigt die Fitnesswerte der besten Individuen jeder Generation für alle Testläufe. Wie für die Testläufe zu den Samplingstrategien mit Optuna ist zu erkennen, dass die Fitnesswerte der Läufe zwischen festen Leveln springen. Besonders deutlich ist dies für die Testläufe mit ePSUS in Abbildung 4.5d. Erklären lässt sich dies zum Teil durch den Elitismus-Mechanismus, der in jede neue Generation das beste bisher gefundene Individuum einfügt. Die Fitness bleibt nach jedem Sprung für einige Generationen auf einem gleichbleibenden Level, bis ein erneuter Sprung passiert. Ein solcher Sprung kann mit einer Mutation des Individuums zusammenhängen.

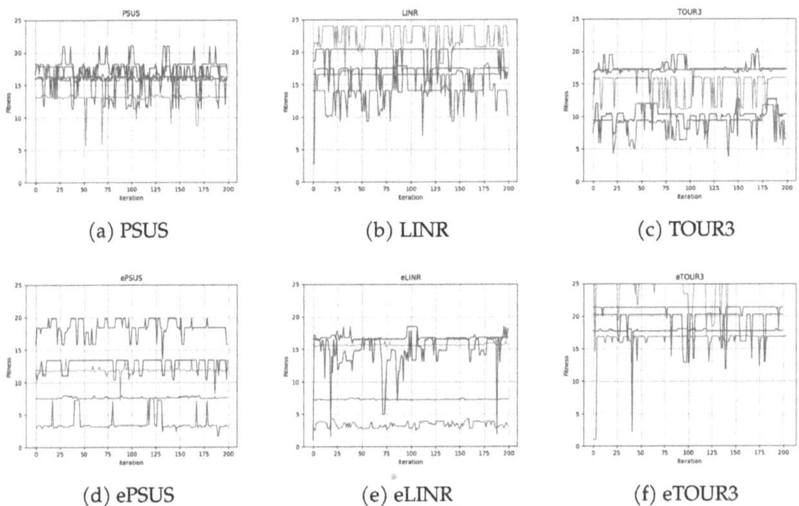

(a) PSUS (b) LINR (c) TOUR3

(d) ePSUS (e) eLINR (f) eTOUR3

Abbildung 4.5 Maximale Fitness der Generationen in den Selektion-Testläufen. Die Kurven repräsentieren die Fitness des besten Individuums in jeder Generation für jeden Testdurchlauf. Es ist zu erkennen, dass die maximale Fitness überwiegend zwischen diskreten Leveln springt. Die besten Individuen der eTOUR3-Testläufe erreichten die besten Fitnesswerte. Die beste Fitness lag für jeden Testlauf bis auf einige Ausnahmen über 15 (0,067 WER)

Die gemittelte Laufdauer der Testreihen lag zwischen 4:32 Stunden und 5:52 Stunden. Hierbei ließ sich kein Zusammenhang zwischen genutzter Strategie und Rechenzeit feststellen. Die Ergebnisse sind in der Tabelle 4.4 der Selektionsmechanismus-Testläufe zusammengefasst. Für die weitern Versuchsreihen wird basierend auf diesen Ergebnissen die eTOUR3-Selektion verwendet. Durch diese Selektionsstrategie wurde die höchste maximale Fitness in einem Lauf und die höchste gemittelte Fitness der Läufe erreicht. Dazu blieb die maximale Fitness der einzelnen Testläufe stets auf einem hohen Level.

Tabelle 4.4 Zusammenfassung der Testläufe zu Selektionsmechanismen

Selektionsstrategie	PSUS	LINR	TOUR3
Maximale Fitness bester Lauf / WER	21,0 / 0,0476	24,0 / 0,0417	20,30 / 0,0493
Maximale Fitness schlechtester Lauf	13,5 / 0,0741	**17,18 / 0,0582**	11,70 / 0,0851
Maximum gemittelte Fitness	16,99 / 0,0589	19,48 / 0,0513	15,59 / 0,0641
Gemittelte Laufdauer (in h:m)	**4:32**	5:52	4:44
Gemittelte Iterationsdauer (in min)	**1,36**	1,76	1,42
Selektionsstrategie	ePSUS	eLINR	eTOUR3
Maximale Fitness bester Lauf/ WER	19,80 / 0,0505	18,50 / 0,0541	**25,0 / 0,04**
Maximale Fitness schlechtester Lauf	7,61 / 0,1314	4,3 / 0,2326	16,8 / 0,0595
Maximum gemittelte Fitnesswerte	12,47 / 0,0802	12,98 / 0,0770	**20,29 / 0,0493**
Gemittelte Laufdauer (in h:m)	5:09	5:20	5:52
Gemittelte Iterationsdauer (in min)	1,545	1,6	1,76

Crossoverstrategie-Testläufe

Jeder der einzelnen Testläufe wurde fünf mal wiederholt. Die Ergebnisse der Testläufe zu den unterschiedlichen Crossover-Strategien sind in Abbildung 4.6 dargestellt. In diesen Läufen wurden ebenfalls fünf Dateien pro Evaluationsschritt betrachtet. Es wurden die bereits beschriebenen Crossoverstrategien Single-Point-Crossover (SPX), Two-Point-Crossover (TPX) und Universal Crossover (UX) getestet. Die übrigen Einstellungen wurden zur vorherigen Testreihe beibehalten.

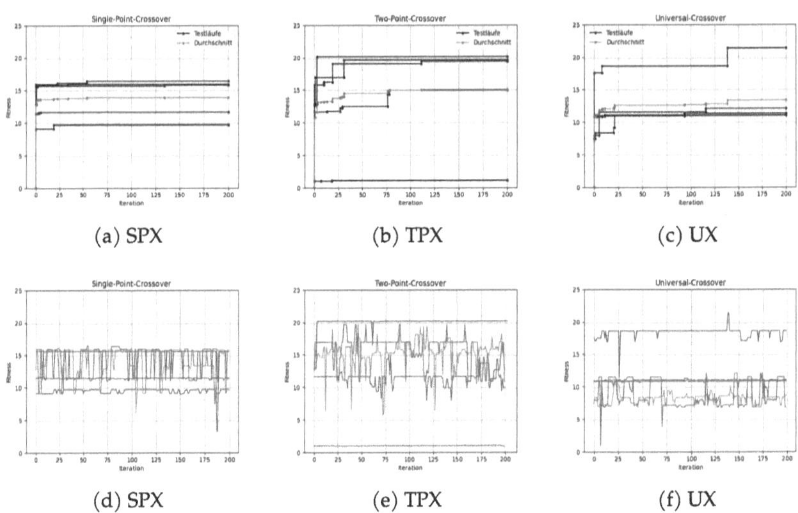

(a) SPX (b) TPX (c) UX

(d) SPX (e) TPX (f) UX

Abbildung 4.6 Fitness der Crossover-Testläufe. Abbildungen a) bis c) zeigen die Entwicklung der Fitness des besten bisher gefundenen Individuums für jeden Testlauf. Die besten Fitnesswerte werden mit dem TPX-Operator erzielt. Der Unterschied zu dem schlechtesten Crossover-Operator UX betragen 1,87 Punkte in der Fitnessfunktion. Die Abbildungen d) bis f) zeigen die Fitness des besten Individuums jeder Generation für jeden Testlauf

Die besten Individuen erreichten nicht das Fitnesslevel der vorherigen Testreihe. Dies kann durch zufällige Startkonfigurationen bedingt sein. In den Abbildungen 4.6a bis 4.6c ist zu erkennen, dass die besten Fitnesswerte der drei Testreihen dicht beieinander lagen. Für die Testreihe mit dem TPX-Crossover wurde hieraus die höchste gemittelte Fitness mit 14,46 (0,069 WER) erreicht. Die Differenz zu dem niedrigsten Fitnesswert von 12,59 (0,079 WER) durch den UX-Operator betrug allerdings nur 1,87 Fitnesspunkte. In WER übertragen lag diese Different bei nur 0,01.

Es fällt auf, dass in jeder der drei Testreihen jeweils mehrere Läufe ähnliche maximale Fitnesswerte erreichten. Für die Tests zu SPX und TPX lagen jeweils zwei maximale Fitnesswerte dicht unter dem absolut besten Fitnesswert. In dem Testlauf mit UX wurde den schlechtesten vier Läufen eine Fitness zwischen 10,95 und 12,06 erreicht. Währenddessen erzielte der fünfte Lauf die absolut höchste Fitness der Testläufe zu UX mit 21,40.

Die Abbildungen 4.6d und 4.6f zeigen, dass in den Testreihen zu SPX und UX die Fitness der besten Individuen wenig variierte. Dies kann durch den Elitismus-

Mechanismus bedingt sein. Treffen die Elite-Individuen keine Mutationen, bleiben die Fitnesswerte in der nächsten Generation gleich. In den Kurven zu den Fitnesswerten der besten Individuen jeder Generation für TPX in Abbildung 4.6e sind mehr Veränderungen zu erkennen. Ausnahmen stellen der beste und schlechteste Lauf dar.

Der Vergleich der gemittelten Laufzeiten für die drei Testreihen zeigt, dass TPX und UX mit knapp über sieben Stunden etwa gleich lange benötigten. Die SPX-Testläufe benötigten im Schnitt mit 5:25 Stunden deutlich weniger Rechenzeit.

In Tabelle 4.5 sind die Ergebnisse dieser Testreihe zusammengefasst. Da der TPX-Operator die höchste gemittelte Fitness erreichte, wurde dieser für die weiteren Testreihen verwendet. Dies wurde trotz eines Laufes mit einer durchschnittlichen Fitness von 1,04 erreicht. Drei der übrigen Läufe erreichten Fitnesswerte knapp unter der maximalen Fitness in den Tests zu den Crossover-Operatoren.

Tabelle 4.5 Zusammenfassung der Testläufe zu Crossoverstrategien

Crossoverstrategie	SPX	TPX	UX
Maximale Fitness bestes Lauf / WER	16,40 / 0,0609	20,20 / 0,0495	**21,40 / 0,0467**
Maximale Fitness schlechtester Lauf	9,70 / 0,1031	1,08 / 0,9259	**10,95 / 0,0913**
Maximum gemitteltete Fitness	13,84 / 0,0723	**14,46 / 0,0692**	12,60 / 0,0794
Gemittelte Laufdauer (in h:m)	**5:25**	7:02	7:22
Gemittelte Iterationsdauer (in min)	**1,63**	2,11	2,22

Somit wurden die Selektions- und Crossover-Strategie für die weiteren Testreihen bestimmt. Mit diesen Parametern wurden Testläufe zu dem Einfluss der Populationsgröße durchgeführt.

Populationsgrößen-Testläufe

Wie bereits erwähnt ermittelte Vrajitoru, dass der Einfluss der Populationsgröße größer ist als die Anzahl der durchgeführten Generationen [91]. Um den Einfluss der Populationsgröße für dieses Problem zu untersuchen, wurden Populationen der Größe vier, sechs, acht und zehn getestet. Für diese Vesuche wurden die selben Einstellungen wie in den zuvorigen Tests verwendet, angepasst basierend auf den vorherigen Testreihen. Es wurden also fünf Dateien pro Evaluationsschritt getestet, eTOUR3-Selektion und TPX genutzt. Die Auswertung dieser Testreihe ist in Abbildung 4.7 zu finden.

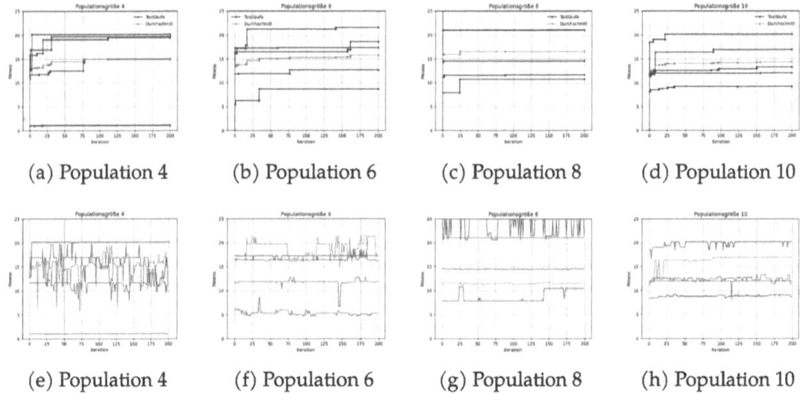

(a) Population 4 (b) Population 6 (c) Population 8 (d) Population 10

(e) Population 4 (f) Population 6 (g) Population 8 (h) Population 10

Abbildung 4.7 Fitness der Populationsgrößen-Testläufe. Abbildungen a) bis d) zeigen die Entwicklung der Fitness des besten bisher gefundenen Individuums für jeden Testlauf. Die beste gemittelte Fitness wurde in dem Testlauf mit Populationsgröße acht gefunden. In dem Testlauf mit Populationsgröße acht wurde ebenfalls die absolut höchste Fitness mit 25 (0,04 WER) gefunden. Für Populationsgröße vier wird der Mittelwert durch einen Lauf mit sehr niedriger Fitness stark verringert. Dieser erreicht nur eine Fitness von 1,08 (0,926 WER). Die Abbildungen e) bis h) zeigen die Fitness des besten Individuums jeder Generation für jeden Testlauf. In Abbildung e) ist zu erkennen, dass eine Instanz bei einer Fitness nie über eine Fitness von 1,08 steigt. Für die Testreihe mit Populationsgröße acht gibt es in drei Testläufen kaum Variation der Fitness. Ein Testlauf dieser Reihe erreicht mehrfach die maximale Fitness von 25

Für jede Testreihe wurde der Testaufbau fünf mal wiederholt. Die Testreihe zu Populationsgröße vier wurde aus Zeitspargründen aus den vorherigen Tests übernommen, da die Konfiguration exakt mit der Testreihe zum TPX-Operator übereinstimmt. Für diese Testreihe lagen Fitnesswerte der besten Individuen am dichtesten beieinander. Die Spanne zwischen bestem und schlechtesten Lauf betrug nur 5,09 Fitnesspunkte. Diese Differenz in Fitness ist für den Lauf der Populationsgröße acht mit 14,2 am größten. Insgesamt lagen die Mittelwerte der vier Testaufbauten dicht beieinander. Für einen Testlauf mit einer Population von acht Individuen wurde der höchste Mittelwert mit 16,60 erzielt. Dies entspricht einer Word Error Rate von 0,0602. Der Mittelwert über die besten Instanzen für Populationsgrößen vier und sechs liegen bei Werten von 14,46 (0,0692 WER) und 15,11 (0,0662). Die Testreihe mit Populationsgröße zehn erzielte mit 14,33 die niedrigste gemittelte Fitness. In

WER übertragen ergibt dies einen Wert von 0,0698. Über die Testreihen zu Populationsgrößen vier bis acht zeichnete sich ein Trend ab, dass eine größere Population zu einer höheren Fitness führt. Die Testreihe mit Populationsgröße zehn bricht hiermit. In einem Lauf mit einer Population aus acht Individuen wird eine maximale Fitness von 25 erreicht. Dies entspricht dem durch die Evaluationsfunktion gesetzten Limit. Aus der Grafik 4.7g ist zu entnehmen, dass dieser Fitnesswert über beinahe den gesamten Testlauf gehalten wurde.

Aus den Abbildungen 4.7e bis 4.7h ist zu entnehmen, dass in mehreren Testläufen die Fitness des besten Individuums jeder Generation kaum oder gar nicht fluktuiert. In den vorherigen Tests war dies schon in einigen Testläufen zu erkennen, in dieser Testreihe ist dies allerdings am deutlichsten zu erkennen. Dies kann auf den Elitismus-Mechanismus zurückgeführt werden, der in jede Generation das beste bisher gefundene Individuum einfügt. Wenn dieses früh in der Evolution gefunden wird und nur geringfügig mutiert, blieb dieser Fitnesswert in den kommenden Generationen bestehen.

Mit größer werdenden Population stieg auch die benötigte Verarbeitungszeit. Die Testreihe mit sechs Individuen bricht aus dieser Reihe mit der höchsten gemittelten Laufdauer von 23:14 Stunden heraus. Allerdings aktivierte sich in dieser Testreihe der Energiesparmodus des Computers. Somit wurden die Laufzeiten drastisch erhöht. Abgesehen von dieser Ausnahme steigt die benötigte Rechenzeit mit steigender Populationsgröße. Von Population vier zu acht verdoppelt sich die gemittelte Laufdauer etwa von 7:02 Stunden auf 13:38 Stunden. Für zehn Individuen wurde allerdings 22:12 benötigt. Der lineare Zuwachs wird hier nicht eingehalten.

Dies ergibt sich daher, dass mit mehr Individuen auch mehr Evaluationen durchgeführt wurden. In der Tabelle 4.6 sind die Ergebnisse dieser Testreihe zusammen-

Tabelle 4.6 Zusammenfassung der Testläufe zu Populationsgrößen

Populationsgröße	4	6	8	10
Maximale Fitness bester Lauf	20,20 / 0,0495	21,50 / 0,0465	**25,00 / 0,04**	20,20 / 0,0495
Maximale Fitness schlechtester Lauf	1,08 / 0,9259	5,91 / 0,1692	**10,80 / 0,0926**	9,24 / 0,1082
Maximum gemitteltete Fitness	14,46 / 0,0692	15,11 / 0,0662	**16,60 / 0,0602**	14,33 / 0,0698
Gemittelte Laufdauer (in h:m)	**7:02**	23:14	13:38	22:12
Gemittelte Iterationsdauer (in min)	**2,11**	6,97	4,19	6,66

gefasst. Für die abschließende Testreihe zur Pluginkettenlänge wurden basierend auf vorherigen Testreihe die Populationsgröße acht gesetzt. Mit dieser Populationsgröße wurde die höchste maximale Fitness in einem Testlauf erreicht. Außerdem wurde in den einzelnen Testläufen am schnellsten die maximale Fitness erreicht.

Kettenlängen-Testläufe

In dieser Testreihe standen alle Plugins zur Nutzungen in den Pluginketten zur Verfügung.

Vergleichbar zu der abschließenden Testreihe zur Pluginkettenlänge mit dem Optuna-Framework wurde die Anzahl der Dateien pro Evaluationsschritt erhöht. Da acht Individuen pro Generation evaluiert werden, wurde die Anzahl der Dateien pro Evaluationschritt von fünf auf zehn gehoben. Zusätzlich wurde die Anzahl der Generationen von 200 auf 500 erhöht, um den Individuen mehr Iterationen zur Entwicklung und finden einer besseren Lösung zu ermöglichen. In einigen Testläufen waren Sprünge der besten Fitness im Bereich der 150. Iteration aufgetreten (siehe beispielsweise Populationsgröße sechs, Abbildung 4.7).

In Abbildung 4.8 sind die Ergebnisse der Testläufe zu der Pluginkettenlänge dargestellt. Die Entwicklung der besten Individuen der Testläufe ist in Abbildung 4.8a abgebildet. In dieser Testreihe konnte kein offensichtlicher Zusammenhang zwischen Pluginkettenlänge und Fitness festgestellt werden. Den höchsten Fitnesswert erzielte ein Individuum mit einer Pluginkette der Länge vier in Generation 2. Es wurde eine Fitness von 17,01 erreicht, was einer Word Error Rate von 0,0585 entspricht. Damit werden die besten gefundenen Pluginketten der Länge sieben und zehn mit einer Fitness von 15,2 (0,0659 WER) und 10,3 (0,0974 WER) übertroffen. Diese Kombinationen wurden in den Generationen 28, beziehungsweise 41 gefunden. In Abbildung 4.8b ist zu erkennen, dass die Fitness für das beste Individuum jeder Generation stets auf einem gleichbleibenden Niveau blieb. So wurde das maximale Fitnesslevel in dem Testlauf mit Kettenlänge vier mehrfach erreicht. Dies konnte auch schon in den vorherigen Testläufen beobachtet werden und ist durch den Elitismus-Mechanismus erklärbar.

Für diese Versuchsreihe wurde die implementierte Pruningfunktion genutzt (siehe Unterabschnitt DEAP in Kapitel 11). Ab fünf transkribierten Dateien wird nach jeder Datei der Fitnesswert über die bisher betrachteten Dateien bestimmt. Liegt der Wert unter 50 % des bisher besten Individuums, wird die Evaluation abgebrochen. Das Pruning wird für die Evaluation jedes einzelnen Individuums betrachtet.

Selbst mit dem Pruning hat sich die Laufdauer in dieser Testreihe deutlich erhöht. Der kürzeste Lauf war mit 60:26 Stunden der Test mit Kettenlänge sieben. Ein Zusammenhang zwischen Kettenlänge und Laufdauer scheint nicht zu bestehen, da

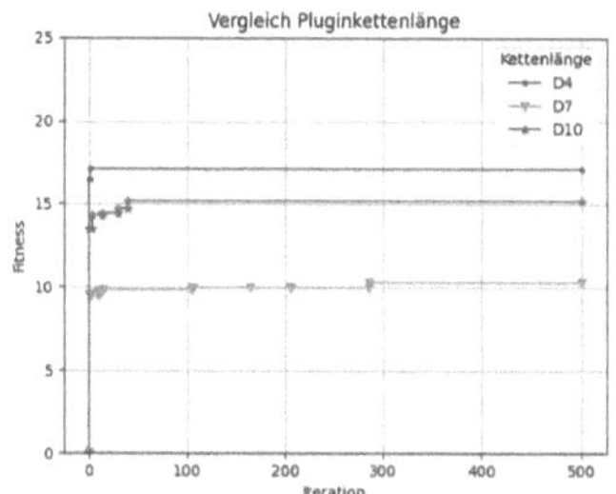

(a) Maximale Fitness in den Testläufen mit verschiedenen maximalen Pluginkettenlängen.
Die Kurven geben die maximalen bisher erreichten Fitnesswerte in den Testläufen an. Das Individuum mit der höchsten Fitness wird im Testlauf mit Kettenlänge vier gefunden. Die Fitnesswerte liegen zwischen 17,1 und 10,3 verteilt, wobei die niedrigste Fitness von einem Individuum mit Kettenlänge sieben erreicht wurde. Das beste Individuum mit Kettenlänge zehn lag mit 15,2 zwischen den beiden anderen Testreihen.

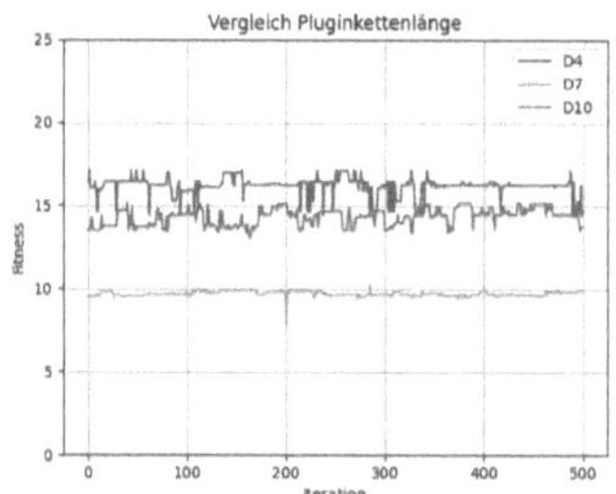

(b) Fitness der besten Instanz jeder Generation in den Testläufen mit verschiedenen maximalen Pluginkettenlängen.
Die Kurven bilden die Fitness der besten Individuen jeder Iteration dar. Die maximalen Fitnesswerte der einzelnen Generationen in den Testläufen bleiben stets auf einem ähnlichen Niveau.

Abbildung 4.8 Fitnesskurven für die Testläufe mit verschiedenen maximalen Pluginkettenlängen für DEAP

für die geringste Kettenlänge von vier die meiste Zeit benötigt wurde. Im Vergleichen zu einer durchschnittlichen Iterationsdauer von 4,19 Minuten für die Testreihe mit Populationsgröße in den vorherigen Tests verdoppelte sich die mittlere Laufdauer mit 8,46 Minuten für diese Testreihe knapp. Dies entsprach der Verdoppelung von Dateien pro Evaluationsschritt. Das Pruning scheint keinen deutlichen Einfluss auf die Iterationsdauer gehabt zu haben.

Es wurden 538 Evaluationen für den Testlauf mit maximaler Kettenlänge von vier abgebrochen. Von den Insgesamt 4.000 Evaluationen wurden somit 82,75 % auf allen 20 Dateien durchgeführt. Für die Testläufe mit Pluginkettenlänge sieben wurden 784 Evaluationen (25,55 %) abgebrochen und für den Lauf mit Kettenlänge zehn 954 Evaluationen (18,45 % abgebrochene Evaluationen). In der Tabelle 4.7 sind die Ergebnisse zusammengefasst.

In keinem der Testläufe mutzte eine der besten Konfigurationen die maximal mögliche Kettenlänge. Die besten Konfigurationen aus den Versuchen mit Kettenlänge vier und sieben verwenden beide nur zwei Plugin. In dem Fall der Pluginkette

Tabelle 4.7 Zusammenfassung der Testläufe zu Pluginkettenlänge

Kettenlänge	4	7	10
Maximale Fitness / WER	**17,08 / 0,0585**	10,27 / 0,0974	15,17 / 0,0659
Laufdauer (in h:m)	80:09	**60:26**	70:57
Gemittelte Iterationsdauer (in min)	9,62	**7,25**	8,51
% beendete Iterationen	**86,55**	80,4	76,15
Beste Konfiguration	6,6	5,6	2,4,2,5,7

aus der Versuchsreihe zur Länge 4 handelt es sich bei beiden Plugins um eine Instanz von RX10 De-Ess. Dieses Plugin ist dazu gedacht, scharfe Zischgeräusch (Sibilanten, beispielsweise „S"- oder „Sch"-Laute) zu reduzieren. Aus der Versuchsreihe zur Pluginkettenlänge zehn umfasst die Kette fünf Plugins, von denen sich ein Plugin (RX10 De-crackle) wiederholt.

4.3 Vergleich

In diesem Abschnitt werden die Konfigurationen der unterschiedlichen Testreihen miteinander verglichen. Dazu werden die Konfigurationen auf neuen Dateien angewandt und die Ergebnisse gegenübergestellt. Zusätzlich wird ein Vergleich zu Machine Learning-basierten Audioverarbeitungswerkzeugen durchgeführt.

Beide Optimierungsverfahren wurden genutzt, um eine möglichst gute Vorverarbeitungspipeline, bestehend aus Audioplugins, zu finden. Dabei wurden in den finalen Läufen die Evaluation auf zehn beziehungsweise 20 Dateien durchgeführt. Diese Dateien wurden aus allen Datensätzen, gemischt mit allen Störgeräuschen, zufällig gezogen. Die SNR-Level der Dateien liegen zwischen –10 dB und 10 dB, um einen Fokus auf stark gestörte Aufnahmen zu legen. Um zu verifizieren wie sich die gefundenen Lösungen auf unbekannten Dateien verhalten, wurden jeweils 100 zufällige Daten aus dem Datenpool gezogen und die Verarbeitungsketten auf diesen angewandet. Die Testdateien waren für alle Tests identisch. Anschließend wurden die Fehlerrate der Transkripte bestimmt. Durch die Auswahl von 100 Dateien wurde die Auswirkung der Vorverarbeitung auf einem breiteren Datensatz getestet.

Getestet wurden eine Reihe von verschiedenen Konfigurationen. Zunächst wurden die besten Konfigurationen der finalen Testläufe zur Pluginkettenlänge beider Bibliotheken getestet. In diesen Testläufen wurden die Evaluationen auf der höchste

Anzahl von Dateien durchgeführt und es kann somit angenommen werden, dass dadurch eine möglichst allgemein-gute Konfiguration gefunden wird. Hierbei handelt es sich für die Tests mit der Bibliothek Optuna um einen Testlauf, der den CmaEs-Sampler nutzte, für 1.000 Iterationen lief und auf maximal 20 Dateien pro Iteration evaluierte.

Im nachfolgenden Text werden Konfigurationen aus den DEAP-Testläufen nach dem Schema **S-C-Px-Dx** benannt. **S** nennt den Selektionsmechanismus, **C** die Crossoverstrategie. **Px** und **Dx** beschreiben die Populationsgröße (**P**opulation) und maximale Pluginkettenlänge (**D**epth).

Für die DEAP-Bibliothek wurde die Pluginkonfiguration getestet, die durch den Testlauf mit dem Testkonfiguration **eTOUR3-TPX-P8-D7** gefunden wurde. Zusätzlich wurde die Pluginkonfiguration des DEAP-Testlaufs **eTOUR3-TPX-P8-D10** getestet, da diese nur knapp unter der besten Fitness der **D7**-Pluginkonfiguration lag. Neben diesen Konfigurationen wurden Pluginketten getestet, welche die maximale Fitness von 25 erreichten. Aus allen Testreihen konnten zwei Individuen aus DEAP-Testreihen diesen Wert erreichen. Dies waren ein Individuum aus dem Vorlauf zu den Selektionsmechanismen mit der Konfiguration **eTOUR3-SPX-P4-D4** und ein Individuum aus dem Vorlauf zur Populationsgröße mit Konfiguration **eTOUR3-TPX-P8-D4**. Alle Konfigurationen, die eine Fitness von 25 erreichten, nutzten den eTOUR3-Selektionsmechanismus. In beiden Fällen wurde diese Konfiguration allerdings bereits in der ersten Generation gefunden und resultierte somit aus der zufälligen Generierung der Individuen.

In Tabelle 4.8 sind die Fehlerraten der untersuchten Pluginketten auf neuen Daten dargestellt. Die Auswertung zeigt, dass durch keine der Vorverarbeitungsketten eine Verbesserung der Word Error Rate in den Transkripten erzielt werden konnte.

Tabelle 4.8 Auswertung der Pluginketten auf ungesehenen Daten. Px in der Konfiguration steht für eine Populationsgrößen x, Dx für eine maximale Pluginkettenlänge von x

Konfiguration	WER	STOI	Genotyp
Optuna, CmaEs, D4	0,0632	0,549	4,4,4,5
Optuna, CmaEs, D10	0,0633	0,111	4,8,6,4,2,1,4,3,5,8
DEAP, eTOUR3, TPX, P8, D4	0,0649	0,664	6,6
DEAP, eTOUR3, TPX, P8, D7	0,0648	0,646	5,6
DEAP, eTOUR3, TPX, P8, D10	**0,0626**	0,115	2,4,2,5,7
DEAP, eTOUR3, SPX, P4, D4 (Vorlauf)	**0,0626**	**0,863**	3,3
DEAP, eTOUR3, TPX, P8, D4 (Vorlauf)	0,0744	0,151	2,0,1,2

Die unverarbeiteten Dateien aus diese Testreihe wurden von *medium*-Whisper mit einer Fehlerrate von 0,0623 transkribiert. Durch zwei Pluginkonfigurationen konnte die Fehlerrate von Whisper auf den unverarbeiteten Dateien beinahe erreicht werden. Dies war zum einen die Konfiguration aus der DEAP-Testreihe zur Pluginkettenlänge mit Testeinstellung **eTOUR3-TPX-P8-D10**. In seiner ursprünglichen Testreihe erreichte diese Konfiguration nicht den höchsten Fitnesswert. In diesem vergleichenden Test übertraf diese Kette die WER der Konfiguration **eTOUR3-TPX-P8-D4** um 0,0023.

Zum anderen erreichte die Testkonfiguration **eTOUR3-SPX-P4-D4** aus der DEAP-Testreihe zu den Selektionsmechanismen das gleiche Fitnesslevel. Beide Konfigurationen erreichten hier eine Fitness von 15,97, was einer WER von 0,0626 entspricht.

Alle weiteren Konfigurationen kamen in der abschließenden Evaluation nicht an die WER der unverarbeiteten Dateien heran. Die Fehlerrate war jeweils geringfügig höher als auf den Ausgangsdateien. Selbst die schlechteste Konfiguration in diesem Test (DEAP-Vorlauf zu Populationsgröße **eTOUR3-TPX-P8-D10**) lag allerdings mit einer Fehlerrate von 0,0744 nur 1,21 Prozentpunkte über der WER der Ausgangsdateien.

Mehrere Konfigurationen erreichten bessere Fehlerraten als in ihren vorherigen Testreihen, beispielsweise beide Konfigurationen aus der Optuna-Testreihe. Alle Fehlerraten lagen unter den Werten, welche über die gesamten Datensätze aus der Störempfindlichkeitsanalyse berechnet wurden (siehe Kapitel 3). Über alle analysierten Datensätze wies das *medium*-Whispermodell eine Fehlerrate von 0,149 auf. Diese Fehlerrate liegt um einen Faktor $\approx 2,0$ höher als die höchste Fehlerrate aus den Tests in Tabelle 4.8.

Weiter lässt sich beobachten, dass keine der Konfigurationen die gleiche Fehlerrate erzielte wie in den entsprechenden Testreihen zuvor. Außerdem ist die Probengröße mit 100 Dateien nicht sehr groß. So übertrafen beispielsweise beide getesteten Pluginkonfigurationen aus den Optunatestreihen ihre vorherigen Ergebnisse (siehe Tabelle 4.3).

Neben der Word Error Rate wurde ebenfalls untersucht, wie sich die Vorverarbeitung auf das Hörverständnis der Dateien auswirkt. Dazu wurde die *STOI*-Metrik genutzt [84]. In dieser Metrik wird bestimmt, wie ähnlich eine gestörte Datei zu der Ausgangsdatei ist. Die Ähnlichkeit wird im Spektralbereich über mehrere Frequenzbänder bestimmt und gemittelt. Der Wertebereich der Metrik reicht von 0,0 bei keiner Ähnlichkeit bis zu 1,0 bei bestmöglicher Verständlichkeit. Auf diese Metrik wurde nicht gezielt optimiert. Mit dieser soll gezeigt werden, ob sich als Nebenprodukt der Optimierung auf die Transkription auch das Hörverständnis verbessert.

In der Berechnung der STOI wurde jeweils eine gestörte Datei mit dem ungestörten Ursprungssignal verglichen. Für die Evaluationsdateien ohne Verarbeitung lag der gemittelte STOI-Wert bei 0,846. Den höchsten STOI-Wert über die Evaluationsdateien nach der Verarbeitung wurde von der Pluginkette mit der DEAP-Konfiguration aus dem Testlauf **eTOUR3-SPX-P4-D4** erreichte. Diese Kette stammt aus dem Vorlauf zur Auswahl des Selektionsmechanismus und erreichte einen STOI-Wert von 0,863 Gegenüber den unverarbeiteten Dateien stellt dies eine geringfügige Verbesserung dar. Alle anderen Verarbeitungen verschlechterten den STOI-Wert deutlich.

Vergleich zu KI-basierten Werkzeugen

Als Vergleich zu den gefundenen Pluginketten wurden Dateien mit ML-basierten Werkzeugen verarbeitet und bewertet. Dazu wurden die Werkzeuge Asteroid [63], MP-SENet [53] und Speechbrain [71] getestet.

Bei Asteroid handelt es sich um ein Open-Source Audio Toolkit, das zur Quellenseparierung genutzt werden kann. Dazu können mit verschiedene KI-Modelle verwendet werden. Das Modell *DCCRNet_Libri1Mix_enhsingle_16k* [24] für Asteroid wurde ausgewählt, da dieses bereits in einer anderen Arbeit zur Untersuchung von Whisper genutzt wurde [87].

Bei SpeechBrain handelt es sich um eine Open-Source-Bibliothek für diverse sprachbasierte Machine Learning-Anwendungen. Für die Verarbeitung der Audiodateien wurde das Model *MetricGAN+*-Modell [35] verwendet. Dieses wurde Modell wird untersucht, da es zum Zeitpunkt der Veröffentlichung das beste Modell in der Optimierung von Audiosignalen auf die PESQ-Metrik war. Zwar ist PESQ wie STOI eine Metrik, die das Hörverständnis beschreibt, allerdings sollte untersucht werden, ob dies auch die Transkription mit Whisper verbessert.

Als drittes Werkzeug wurde MP-SENet getestet. Hierbei handelt es sich um ein Transformer-Modell der University of Science and Technology of China für Speech Enhancing. Auch dieses Modell war zum Zeitpunkt seiner Veröffentlichung State-of-the-Art in Bezug auf die Optimierung von Audiodateien nach der PESQ-Metrik. 2023 erzielte dieses Modell in der Microsoft *Deep Noise Supression Challenge* die besten Ergebnisse [29]. Aus diesem Grund wurde es in die Untersuchung aufgenommen.

Für diesen Test wurden die selben 100 Dateien verwendet wie in dem vorherigen Vergleich zwischen den Pluginketten. Jedes Werkzeug verarbeitete alle Dateien. Anschließend wurde die Fehlerrate aus den daraus generierten Transkripten bestimmt.

Die niedrigste Word Error Rate von diesen drei Werkzeugen wurde durch MP-SENet mit 0,233 erreicht, dicht gefolgt von Asteroid mit 0,234. Somit konnte keine dieser Verarbeitungen die Word Error Raten der Pluginketten erreichen. Auf den evaluierten Dateien lag die Fehlerrate sogar deutlich höher als auf den unverarbeiteten Dateien mit einer Fehlerrate von 0,0623. In Tabelle 4.9 sind die Ergebnisse dieser Analyse dargestellt. Ein Vergleich basierend auf der STOI-Metrik war nicht möglich, da die Dateien durch die Verarbeitung eine unterschiedliche Anzahl von Samples als die Ausgangsdateien besaßen. Für den Vergleich mit der STOI-Metrik müssen die Dateien gleich lang sein.

Tabelle 4.9 Fehlerraten auf KI-verarbeiteten Dateien

	Asteroid	SpeechBrain	MP-SENet
WER	0,234	0,370	0,233
Verarbeitungszeit (in m:s)	0:51	0:04	9:31

Keine dieser Lösungen konnte eine Verbesserung der Transkripte erreichen. Gegenüber der Word Error Rate von 0,0623 auf den unverarbeiteten Dateien schneiden diese Werkzeuge alle deutlich schlechter ab als die pluginbasierten Vorverarbeitungen (siehe Tabelle 4.8). Für einige diese KI-basierten Werkzeuge spricht, dass die Verarbeitungszeit kürzer ist als für der pluginbasierten Verarbeitungsketten. Für 100 Dateien benötigte Asteroid mit dem Modell *DCCRNet_Libri1Mix_enhsingle_16k* 51 Sekunden zum Verarbeiten und erzielt dabei mit 0,234 die zweitbeste Fehlerrate der getesteten KI-Werkzeuge. Auf den durch MP-SENet verarbeiteten Dateien erreicht Whisper-*medium* mit 0,233 eine nur minimal niedrigere Fehlerrate. Allerdings benötigte dieses Werkzeug 9:31 Minuten zur Verarbeitung der 100 Dateien. Im Vergleich mit den pluginbasierten Verarbeitungen ist dies immer noch doppelt so schnell. Eine Pluginkette der Länge vier benötigt im Mittel 17 Minuten für 100 Dateien, eine Pluginkette der Länge zehn etwa 21 Minuten. Das schnellste KI-basierte Werkzeug SpeechBrain verarbeitete 100 Dateien in nur 4 Sekunden. Die daraus resultierende WER lag mit 0,37 aber auch deutlich höher.

Alle dieser drei Werkzeuge arbeiten intern mit einer Samplerate von 16.000 Hz. Da alle Audiodateien in den verwendeten Datensätzen mit einer Samplerate von 22.050 Hz vorliegen, werden diese von den Werkzeugen zunächst in die passende Samplerate überführt. Bei den ausgegebenen Dateien treten allerdings Unterschiede auf. Asteroid gibt die Dateien in der ursprünglichen Samplerate zurück, konvertiert diese aber immer in das Wave-Audioformat, unabhängig von dem Dateityp der Eingangsdatei. Für SpeechBrain und MP-SENet wird das Dateiformat beibehalten, jedoch liegen die Ausgangsdateien in einer Samplerate von 16.000 Hz vor. Speech-

Brain bietet eine Konfigurationsmöglichkeit die Ausgabedateien in einer anderen Samplerate abzuspeichern, allerdings wird dadurch die Tonhöhe verändert.

4.4 Spezialisierung

In diesem Abschnitt wird eine weitere Testreihe durchgeführt, in der sich auf einzelne Störgeräusche fokussiert wird. Dazu werden drei Geräuschtypen ausgewählt, die gesondert untersucht werden. Anschließend werden die Ergebnisse der Tests präsentiert.

Wie in Abschnitt 4.3 zu sehen, war die Suche nach einer optimalen Vorverarbeitungskette nicht erfolgreich. Daher wurden, neben der Optimierung auf allgemeine Störgeräusche, Optimierungsdurchläufe auf einzelnen Störgeräuscharten durchgeführt. Das Ziel dieser Versuche war es, eine Vorverarbeitung zu finden, die auf einen Störgeräuschtyp spezialisiert ist. Ein solches Störgeräusch kann beispielsweise eine laute Klimaanlage sein. Solch ein Szenario ist in der Erprobung von CoSy bereits aufgetreten. Der Überlegung nach sollte es weniger komplex sein, eine Vorverarbeitungskette zu finden, die auf einen einzelnen Störgeräuschtyp optimiert ist. Für solche Zwecke existieren bereits Audioplugins, die beispielsweise Summen filtern können. Ein solches Plugin ist das iZotope RX10 De-hum. Wenn das Spektrum des Störsignals annähernd konstant bleibt und bekannt ist, können die entsprechenden Frequenzen beispielsweise durch einen Equalizer gedämpft werden. Dazu wäre allerdings eine Analyse der Umgebungsgeräusche bei jeder Nutzung von CoSy nötig. Die Nutzenden wollen durch die Verwendung von CoSy möglichst keinen Mehraufwand in den Lehrveranstaltungen. Das wurde wiederholt während der Erprobung in reellen Veranstaltungen betont. Deshalb ist eine solche Lösung nicht plausibel. Stattdessen ist die Überlegung, Vorverarbeitungsketten für spezifische Störgeräusche anzubieten, welche die Nutzenden mit einer simplen Auswahl aktivieren können.

Für diese Tests wurden drei Geräuschtypen ausgewählt. Pinkes Rauschen wurde in den Störempfindlichkeitsanalysen in Kapitel 3 als eines der Störgeräusche identifiziert, die zu den höchsten Fehlerraten im Transkript führen. Die durchschnittliche Fehlerrate für pinkes Rauschen über alle Datensätze und Modelle betrug 0,347 WER. Mit dem *medium*-Modell wurden die durch pinkes Rauschen gestörten Dateien mit einer Word Error Rate von 0,212 transkribiert. In reellen Aufnahmen durch CoSy sollte pinkes Rauschen nicht auftreten. Die Kurven für pinkes Rauschen in Abbildung 3.4 ähneln stark den Kurven für weißes Rauschen und der Kategorie Staubsauger. Die Ähnlichkeit von pinkem zu weißem Rauschen ist naheliegen, da beides generierte zufällige Verteilungen von Frequenzen sind. In pinkem Rauschen sind die Energien in den Frequenzen lediglich anders verteilt (siehe Abbildung 3.2).

Als zweites gesondertes Störgeräusch wurde Gebrabbel gewählt. Dieses führen ebenso wie pinkes Rauschen zu hohen Fehlerraten in der initialen Störempfindlichkeitsanalyse. Gemittelt über alle Datensätze und Whisper-Modelle wurden die durch Gebrabbel gestörten Audiodateien mit einer Word Error Rate von 0,349. Das *medium*-Modell erreichte eine WER von 0,212 ebenso wie auf den durch pinkes Rauschen gestörten Dateien. Gebrabbel-Geräusche sind vergleichbar mit den „Bar noises" aus der Analyse von Radford et al. [68] und den Störgeräuschen aus der Analyse von Patel et al. [14]. Dieser Geräuschtyp stellt eine plausible Geräuschkulisse für Aufnahmen in einer belebten Umgebung dar.

Für den dritten Versuch wurde versucht eine optimierte Pluginkette für Aufnahmen mit Klimaanlagengeräuschen zu finden. In der Erprobung von CoSy waren solche Störgeräusche in Aufnahmen aufgetreten. Nicht immer ist ein Ortswechsel möglich, um solche Störeinflüsse zu vermeiden. Aus der Störanfälligkeitsanalyse ist zu entnehmen, dass Klimaanlagengeräusche nicht zu den Geräuschtypen zählen, die ein Transkript am signifikantesten stören. Über alle Datensätze und Modelle gemittelt lag der Transkriptfehler bei 0,197 und somit deutlich unter den anderen beiden gesondert untersuchten Geräuschtypen. Für das *medium*-Modell lag die Fehlerrate bei 0,119. Dies sind 9,3 % unter der Fehlerrate der anderen untersuchten Geräuschtypen auf dem *medium*-Modell.

Für jedes dieser Störgeräusche wurde ein Testdurchlauf mit Optuna durchgeführt. Die jeweiligen Evaluationsdateien sind jeweils mit der entsprechenden Geräuschart gemischt. Dabei lag der Signal-Rauschabstand zwischen –10 dB und 10 dB. Insgesamt werden für jeden Test 10 Dateien zufällig ausgewählt, die in der Evaluation verarbeitet und transkribiert werden. Als Sampler wurde nicht der CmaEs-Sampler verwendet wie in den finalen Optuna-Testläufen in Unterabschnit 4.2, sondern der TPE-Sampler. Diese Wahl wurde aus Rechenzeitgründen getroffen. Aus der Tabelle 4.8 ist zu entnehmen, dass der TPE-Sampler bei geringerer Laufzeit ebenfalls gute Optimierungsergebnisse hervorbringen kann. Ebenso wurde die Anzahl der Iterationen von 1.000 auf 500 reduziert. Aus den Testläufen in Unterabschnitt 4.2 ist zu entnehmen, dass nach 500 Iterationen in den meisten Testläufen keine Verbesserungen oder nur kleine Sprünge in Fitness erfolgen. In den DEAP und Optuna-Testreihen zur Pluginkettentiefe wurden gegensätzliche Ergebnisse bezüglich deren Einfluss auf die Güte einer Pluginkette generiert. Daher wurde die Pluginkettenlänge in diesen Test fest auf vier gesetzt. Mit einer Ketter dieser Länge konnte in dem DEAP-Testlauf die besten Fitnesswerte aus den Kettenlängentests erreicht werden.

Für jedes Störgeräusch wurden fünf Testläufe durchgeführt. Die Ergebnisse sind in Abbildung 4.9 und Tabelle 4.10 dargestellt.

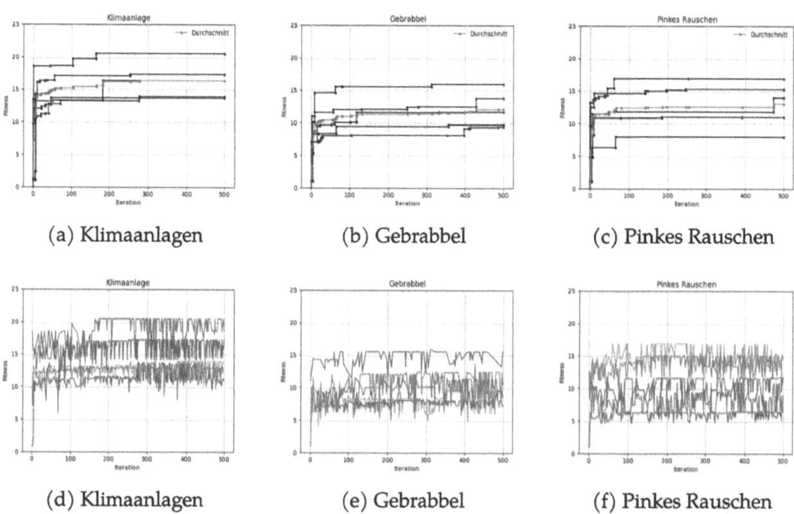

(a) Klimaanlagen (b) Gebrabbel (c) Pinkes Rauschen

(d) Klimaanlagen (e) Gebrabbel (f) Pinkes Rauschen

Abbildung 4.9 Fitness der Spezialisierungs-Testläufe. Die Abbildung a) bis c) zeigen die Entwicklung der Fitness des besten bisher gefundenen Individuums für jeden Testlauf. In den Abbildungen d) bis f) wird die Fitness jeder Iterationen der Testläufe dargestellt. Von den drei Testreihen wurde für die durch Klimaanlagengeräusche gestörten Dateien die höchste Fitness erreicht

Tabelle 4.10 Zusammenfassung der Testläufe zu einzelnen Geräuschtypen

Störgeräuschtyp	Klimaanlagen	Gebrabbel	Pinkes Rauschen
Maximale Fitness / WER	20,48 / 0,0488	15,88 / 0,0629	16,89 / 0,0592
Verbesserung (in %)	22,90	77,05	66,55
Gemittelte Laufdauer (in h:m)	8:55	9:46	7:05
Gemittelte Iterationsdauer (in min)	1,074	1,172	0,85
% beendete Iterationen	54,5	41,6	48,2
Beste Konfiguration	9,11,6,5	9,10,1,1	7,1,2,9

Für die durch Klimaanlagengeräusche gestörten Dateien wurde in den drei Testläufen mit 20,48 die höchste Fitness erreicht. Dies entspricht einer Word Error Rate von 0,0488. Für die Geräuscharten Gebrabbel und pinkes Rauschen wurden Fitnesswerte von 18,88 (0,0629 WER) und 16,89 (0,0592 WER) erreicht. Verglichen mit den Fehlerraten auf den unverarbeiteten Dateien konnte in allen dieser Testläufen eine Verbesserung erzielt werden. Von den drei Geräuscharten resultierten Klimaanlagengeräusche in der geringsten Fehlerrate der Transkripte. Dies geht einher mit der Erkenntnis, dass dieser Geräuschtyp grundsätzlich den geringsten Einfluss auf die Fehlerrate der Transkripte ausübt. Für diesen Geräuschtyp wurde auch die geringste Verbesserung der Transkripte durch eine Vorverarbeitung erzielt. Im Vergleich zu einer Fehlerrate von 0,0633 auf den unverarbeiteten Dateien wurde nach der Verarbeitung eine Word Error Rate von 0,0488 erreicht. Dies entspricht einer Verbesserung von 22,90 %. Die anderen beiden untersuchten Geräuschtypen beeinflussten die Transkriptgüte stärker. Mit den gefundenen Pluginketten konnten Fehlerraten von 0,0629 für Gebrabbel und 0,0592 für pinkes Rauschen erzielt werden. Verglichen mit WER von 0,2741 und 0,177 auf den unverarbeiteten Dateien sind dies Verbesserungen von 77,05 % für Gebrabbel und 66,55 % für pinkes Rauschen. Für diese Störgeräuscharten lagen die Fehlerraten in den Analysen in Kapitel 3 deutlich höher im Vergleich zu Klimaanlagengeräuschen.

Die Pluginketten wurden weiter auf jeweils 100 bisher nicht bekannten Dateien getestet, die mit dem entsprechenden Störgeräuschtyp gemischt wurden. In dieser Untersuchung sollte festgestellt werden, wie allgemeingültig die gefundenen Pluginketten für die jeweilige Geräuschart sind. In Tabelle 4.11 sind die Ergebnisse dargestellt. Die Dateien stammen aus allen verwendeten Datensätzen. Der Signal-Rauschabstand zwischen ursprünglicher Aufnahme und Störgeräusch konnte alle getesteten Werte zwischen –10 dB und 40 dB annehmen. Anders als in der Auswertung der Testläufe in Tabelle 4.10 konnte keine Verbesserung über alle unverarbeiteten gemittelten Dateien festgestellt werden. Die Word Error Raten lagen jeweils dicht an den gemittelten Fehlerraten der unverarbeiteten Dateien. Von den untersuchten Störgeräuschen wurde die beste WER für Klimaanlagengeräusche mit 0,0756 erreicht. Auf den unverarbeiteten Audiodateien lag die Fehlerrate mit 0,0754 knapp darunter. Für alle drei Geräuscharten lag die Fehlerrate auf den verarbeiteten und unverarbeiteten Dateien dicht beieinander. Den geringsten Effekt hatte die Vorverarbeitung für Gebrabbel. Jedoch betrug die Differenz hier nur 0,0011.

Tabelle 4.11 Auswertung der Pluginketten auf ungesehenen Daten

Störgeräuschtyp	Klimaanlagen	Gebrabbel	Pinkes Rauschen
WER, verarbeitet	0,0756	0,0779	0,0769
WER, unverarbeitet	0,0754	0,0768	0,0768
STOI, verarbeitet	0,629	0,659	0,128
STOI, unverarbeitet	0,813	0,804	0,813

Weiter wurde mit der STOI-Metrik untersucht, ob sich das Hörverständnis durch die Verarbeitung verbessert. Dies war für keinen der Geräuschtypen der Fall. Für die Klimaanlagengeräusche und Gebrabbel verschlechterte sich der STOI-Wert um 12,6 % und 18,0 %. Für die durch pinkes Rauschen gestörten Dateien viel dieser Wert um 84,3 %. Mit ursprünglichen Werten zwischen 0,804 und 0,813 wurde die Verständlichkeit der unverarbeiteten Audiosignale als recht gut bewertet.

Die gefundenen Pluginketten setzten sich aus sehr unterschiedlichen Plugins zusammen. Lediglich zwei Plugins waren mehrfach oder in mehreren der Pluginketten enthalten. Das Plugin RX10 De-clip wurde in der Pluginkette aus der Babble-Testreihe doppelt verwendet und in jeder der Ketten wurde das Plugin RX10 De-reverb genutzt. Die Störaufnahmen für Klimaanlagen und Gebrabbel scheint ein Raumhall in den Aufnahmen enthalten zu sein. Dies kann durch die Räume bedingt sein, in denen diese Geräusche aufgenommen wurden. Hierfür ist es somit sinnvoll, dass das RX10 De-reverb Plugin enthalten ist. Für das pinke Rauschen lässt sich dies nicht direkt erklären, da diese Störsignale digital generiert wurden.

4.5 Diskussion

In diesem Abschnitt werden die Ergebnisse der Optimierungsversuche ausgewertet und interpretiert. Zusätzlich werden Schwachstellen der Vorgehensweise analysiert.

Für alle Optimierungsprobleme gilt das *No-Free-Lunch*-Theorem von Wolpert und Macready [96]. Dieses besagt, dass es für Suchprobleme ohne Vorkenntnisse über den Suchraum keinen Algorithmus gibt, der für alle Suchprobleme besser funktioniert als andere Algorithmen. Die in dieser Arbeit betrachtete Suche nach optimalen Pluginketten zur Reduktion der Transkriptionsfehler stellt keine Ausnahme dar. Da die Eigenschaften des Suchraums über alle möglichen Pluginketten mit allen zulässigen Parameterbelegungen nicht bekannt ist, war es nicht möglich im Vorhinein eine optimale Suchstrategie zu wählen. Vorwissen für den Suchraum kann daher stammen, dass bekannt ist, welche Features in einem Sprachsignal für Whisper zu einem Transkript genutzt werden.

Es ist wünschenswert, Suchstrategien zu finden, mit denen in möglichst geringer Iterationenzahl Lösungen mit bestmöglicher Fitness gefunden werden. Hierzu wurden schrittweise die Einstellungsmöglichkeiten der verwendeten Bibliotheken DEAP und Optuna evaluiert und für die folgenden Testreihen festgelegt. Dieses Vorgehen orientiert sich an der Arbeit von Schrader zur Optimierung eines Farbquantisierungsalgorithmus [78]. Für die Optuna-Testreihen wurde lediglich eine Versuchsreihe zu den Samplestrategien durchgeführt. In den Testreihen mit DEAP wurden Selektionsmechanismen, Crossoverstrategien, die Populationsgröße und

Pluginkettenlänge variiert. Für beide Ansätze gibt es weitere Einstellungsmöglichkeiten, deren Einfluss in dieser Arbeit nicht untersucht wurde. Möglicherweise hätten sich daraus noch besser geeignete Testaufbauten ergeben können, die zu einer schnelleren Konvergenz der Suchläufe führen oder den Suchraum effektiver durchqueren. Hierzu wäre eine Optimierung auf den Optimierungsaufbauten möglich, auch Meta-Optimierung genannt [98]. Dies kann beispielsweise durch einen weiteren evolutionären Ansatz realisiert werden [34]. Wie in Schraders Arbeit bereits erwähnt, kann auch dieses wiederum durch einen weiteren Meta-Optimierer optimiert werden, was zu einer endlosen Schleife führen würde. Dies würde allerdings für die in dieser Arbeit behandelte Problemstellung durch weitere Meta-Ebenen die bereits sehr hohe Rechenzeit noch potentieren. Aus diesen Gründen wurden die getesteten Einstellungsmöglichkeiten reduziert.

Das Verarbeiten der Audiodateien und die Transkription mit Whisper in den Evaluationen benötigt jeweils mehrere Sekunden. Testläufe mit einer hohen Anzahl von Testdateien in der Evaluation oder vielen Iterationen benötigen deshalb teilweise mehrere Tage. Für die Testreihen mit DEAP wurde dies durch mehrere Individuen in jeder Generation gesteigert. Mit Pruningfunktionen wurde versucht, die Laufzeit der Testläufe zu reduzieren. Trotzdem lief der längste Testlauf mit Optuna beinahe acht Tage. In dieser Testreihen zu Pluginkettenlängen mit Optuna wurden mit der längsten getesteten Kette die besten Ergebnisse erzielt. Es wurde nicht untersucht, ob mit einer längeren Pluginkette noch bessere Ergebnisse erzielt werden können. Eine solche Untersuchung kann in einer zukünftigen Testreihe durchgeführt werden. Hinzu kommt, dass die Testreihen zu Pluginkettenlängen für DEAP und Optuna mit nur jeweils einem Lauf je Länge durchgeführt wurden. Die anderen Testreihen zeigen jedoch, dass zwischen Testlaufen mit gleichen Einstellungen stark schwankende Ergebnisse erzielt werden können. Dies folgt daraus, dass beide Optimierungsverfahren die Testläufe mit zufälligen Pluginkonfigurationen starten. Daraus ergeben sich durch die unterschiedlichen Startpunkte im Suchraum je nach verwendetem Suchalgorithmus daraus resultierend unterschiedliche Ergebnisse. In den Testläufen wurde versucht, dies durch Mitteln über mehrere Läufe auszugleichen.

Die Anzahl der getesteten Dateien pro Evaluation wurde für die Testreihen zum Teil bis auf fünf reduziert. Bei einer so geringen Datenmenge können sich Varianzen in den Ergebnissen aus unterschiedlichen Dateien ergeben. Die Störgeräuschdaten umfassen 16 verschiedene Typen von Störgeräuschen mit jeweils 11 Signal-Rauschabstandsleveln. Einige Audioaufnahmen werden grundsätzlich mit weniger Fehlern transkribiert als andere Aufnahmen. Dies kann etwa durch die Aussprache der Personen bedingt sein. In den anschließenden Testreihen zu Pluginkettenlängen wurde die Anzahl der Testdateien auf 20 bis 100 angehoben, insgesamt ist dies aber immer noch ein niedriger Wert. Dass die gefundenen Pluginketten aus diesen

Testläufen in dem Vergleich in Abschnitt 4.3 auf ungesehenen Daten keine Verbesserung erzielen konnten, lässt sich durch die Testgröße erklären. Für einen Testlauf mit einer deutlich größeren Anzahl von Evaluationsdateien wäre möglicherweise eine robustere Pluginkette gefunden worden. In den Testläufen zu einzelnen Geräuschtypen in Abschnitt 4.4 wurden die Störgeräusche gezielt nur aus den entsprechenden Kategorien und mit einem hohen Anteil Störsignal ausgewählt. Die gefundenen Pluginketten konnten auf den Testdaten eine deutliche Verbesserung der Transkripte erzielen.

Es zeigt sich also, dass es mit den verwendeten Optimierungsmethoden grundsätzlich möglich ist, Pluginketten zur Verbesserung der Transkripte zu finden. Auf einer größeren Menge ungesehener Daten konnten diese Pluginketten allerdings keine Verbesserung mehr erzielen. Dies kann dadurch bedingt sein, dass die Signal-Rauschabstände dieser Daten das gesamte verfügbare Spektrum an Rauschabständen in den erzeugten Daten enthalten abbilden. Für einen hohen Rauschabstand wurde in Kapitel 3 gezeigt, dass diese Dateien gut transkribiert werden können. Als Folge dieser Erkenntnis ist es denkbar, für jeden Störgeräuschtyp eine Verarbeitungskette zu suchen. In der CoSy-Anwendung muss für eine Aufnahme nur durch die Nutzenden entschieden werden, welche Pluginkette verwendet werden soll. Es ließen sich auch für Kombinationen von Störgeräuschen Pluginketten suchen. Durch die begrenzte Zeit der Masterarbeit konnten nicht alle dieser Faktoren vollständig betrachtet werden.

Die Optimierung der Pluginketten während eines Gesprächs wäre grundsätzlich wünschenswert. Hierbei stellt sich allerdings das Problem, dass der in dieser Arbeit verfolgte Ansatz eine Referenz für die Transkripte benötigt. Ein Gespräch in dem Nutzungskontext von CoSy folgt keinem Skript, sodass es keine Grundwahrheit gibt, mit der das Transkript verglichen werden kann. Denkbar wäre es, dass die Gesprächsteilnehmenden vor dem eigentlichen Gespräch einige vordefinierte Sätze einsprechen, um auf diesen Aufnahmen eine Pluginkette zu optimieren. Dies hilft allerdings nicht gegen später im Gespräch auftretende Geräusche. In weiterführenden Studien wäre es interessant zu untersuchen, ob sich für alle Störgeräuschtypen einzeln jeweils eine Verbesserung durch Vorverarbeitung erzielen lässt. Des Weiteren sind noch Untersuchungen offen, ob eine Kombination solcher Pluginketten für die gemeinsamen Störgeräuscharten eine Verbesserung erzielt.

In einigen der Fitnesskurven der Testreihen war zu erkennen, dass die Fitness der besten Individuen sich über mehrere Generationen kaum oder gar nicht verändert. Dies kann aus der genutzten Modellierung der Pluginketten resultieren. Da alle Parameterlisten die gleiche Anzahl an Parametern enthalten, sind für einige Plugintypen ungenutzte Parameter in diesen Listen enthalten. Diese Bereiche können mit *Introns*, nicht kodierenden Abschnitten der DNA, verglichen werden [37]. Trotzdem werden diese Introns mit in den Mutationsfunktionen und in den Samplingstrategien berücksichtig. Aus einer Veränderung eines solchen Parameters resultiert allerdings keine geänderte Fitness der Instanz. Somit geht der Effekt von Mutationen verloren. Eine Möglichkeit, dies zu Vermeiden, wäre eine angepasste Modellierung, die jedem Plugintypen die entsprechende Anzahl von Parametern zuordnet. Optuna bot zum Zeitpunkt der Arbeit allerdings keine Möglichkeit, eine dynamische Anzahl von Parametern zu optimieren, weshalb dies nicht implementiert wurde.

5 Fazit

Ziel der vorliegenden Arbeit war die Untersuchung der Störempfindlichkeit des ASR-Werkzeugs Whisper. Weiter wurde untersucht, ob es mittels Optimierungsfunktionen möglich ist eine Vorverarbeitung bestehend aus Audioplugins zu finden, welche die Transkripte der Whisper-Modelle auf gestörten Audiodaten verbessert. Diese Erkenntnisse sollen eine mögliche Weiterentwicklung des Gesprächsassistentensystems CoSy unterstützen, in welchem Gespräche mittels Whisper transkribiert und weiter analysiert werden.

Die Störempfindlichkeitsanalyse ergab, dass die verschiedenen Störgeräusche einen unterschiedlich starken Einfluss auf die Whisper-Transkripte haben. Störgeräusche mit einem durchgehenden Signal wie beispielsweise Klimaanlagen verschlechterten die Transkriptgenauigkeit deutlich mehr als kurze einzelne Geräusche wie etwa Türenschließen. Es konnte gezeigt werden, dass aus den getesteten Störgeräuschen weißes Rauschen, pinkes Rauschen und Staubsaugergeräusche die Fehlerrate der Transkripte erhöht hat.

Die Lautstärke eines Störgeräusch im Verhältnis zum Gespräch hat ebenfalls einen großen Einfluss auf die Genauigkeit des Transkripts. Für eine SNR von 30 dB oder höher ergeben sich kaum Unterschiede in Transkriptgüte für alle Geräuscharten. Mit einem schlechter werdenden Signal-Rauschabstand steigt die Word Error Rate teilweise über 1,0, was mehr als einem Fehler pro Wort entspricht. Ein Zusammenhang zwischen Audioqualität und der Fehlerrate scheint sich durch die Fehlerraten auf den vier verschiedenen getesteten Datensätzen zu bestätigen. Der aus Text-To-Speech-Audiodateien zusammengesetzte Datensatz wurde deutlich besser transkribiert als die Datensätze aus reellen Aufnahmen. Für diesen kann angenommen werden, dass die Audiosignale frei von Störgeräuschen sind, im Gegensatz zu den reellen Aufnahmen aus den anderen Datensätzen.

J. Behnke, *Automatische Optimierung von Audiosignalen für Transkription mit Evolutionären Algorithmen und Machine Learning*, BestMasters,
https://doi.org/10.1007/978-3-658-50048-1_5

In dem Optimierungsteil der Arbeit wurde festgestellt, dass es grundsätzlich möglich ist mit Audioplugin ein Audiosignal so zu bearbeiten, dass die Transkription von Whisper weniger Fehler macht. Auf einer kleinen Menge von Dateien konnte in Testläufen die Fehlerrate der Transkripte reduziert werden. Eine allgemein gute Pluginkette konnte in den Untersuchungen nicht gefunden werden. In Testes mit Dateien, die nicht aus den Trainingsläufen bekannt waren, lag die gemittelte Fehlerrate der Transkripte stets knapp über der Fehlerrate auf unverarbeiteten Dateien.

Eine Fokussierung in den Tests auf einzelne Störgeräusche mit einem hohen Anteil im Signal zeigte, dass es in diesem Fall möglich ist, deutliche Verbesserungen der Transkripte zu erzielen. Es konnte beispielhaft ein Zusammenhang zwischen dem Ausmaß, in dem ein Störgeräusch die Fehlerrate eines Transkriptes beeinflusst und dem Verbesserungspotential durch Vorverarbeitung der Aufnahmen gezeigt werden. Diese Vorverarbeitungsketten waren auf ungesehenen Aufnahmen nicht in der Lage die Transkripte verbessern. In diesen Tests wurden Aufnahmen mit Störgeräuschen in allen Signal-Rauschabständen getestet, im Gegensatz zu einem hohen Störanteil in des Trainingsläufen. Die gemittelte Fehlerrate lag nur geringfügig über der gemittelten Fehlerrate auf den unverarbeiteten Dateien. Somit ist die gewünschte Anforderung erfüllt, dass die Transkripte durch eine Vorverarbeitung nicht signifikant schlechter werden.

Abschließend wurde in dieser Arbeit somit keine allgemeingültige pluginbasierte Vorverarbeitung gefunden, welche die Transkription auf allen Audiodateien verbessert.

In fortführenden Untersuchungen wäre es möglich, noch weitere Störgeräuschtypen zu untersuchen, die in dieser Studie nicht bedacht wurden. Weiter kann die Vorgehensweise auf anderen Datensätzen wiederholt werden. Für die Suche nach Pluginketten kann es lohnenswert sein, eine andere Modellierung zu verwenden. Wie bereits in Abschnitt 4.5 erwähnt, können durch die Introns Mutationen verloren gehen. Für die Optimierung mit Optuna wird durch diese nicht verwendeten Parameter der Suchraum vergrößert, ohne das diese Lösungen sinnvolle Plugins kodieren. Außerdem ist es mit der genutzten Implementierung nicht möglich, in DEAP Parameterketten zwischen Plugins beim Crossover zu tauschen. Hiermit ließe sich die genetische Evolution noch feingranularer gestalten.

Grundsätzlich ließen sich noch andere Plugins für die Optimierung nutzen. In dieser Arbeit wurden lediglich 12 Plugins betrachtet. Es existieren quasi unzählig viele Audioplugins für jeden erdenklichen Einsatzzweck. Eine andere Kombination kann möglicherweise eine allgemeingute Vorverarbeitung erreichen.

Ansonsten wäre eine ausführlichere Suche nach Geräuschtyp-spezifischen Pluginketten denkbar. Das dies möglich ist, wurde in dieser Arbeit nur exemplarisch gezeigt. Jedoch kann dies auch noch für die übrigen Geräuschtypen durchgeführt werden. Weiter wurde auch nicht untersucht, ob sich diese Pluginketten kombinieren lassen, um Audiosignale für mehrere Störgeräusche verbessern zu können.

Schließlich besteht auch die Möglichkeit eine Meta-Optimierung für die verwendeten Optimierungsverfahren durchzuführen. Hierbei könnten sämtliche Einstellungsmöglichkeiten der Bibliotheken getestet werden. Zusätzlich ließe sich die Anzahl der Dateien pro Evaluationsschritt erhöhen. Hierdurch könnte ebenfalls eine allgemeingute Vorverarbeitung gefunden werden, wenn eine ausreichende diverse Menge an Trainingsdaten evaluiert wird.

Literatur

[1] Akiba, Takuya u. a. 1. In: *Proceedings of the 25th ACM SIGKDD International Conference on Knowledge Discovery and Data Mining*. 2019.

[2] *Algorithms and Theory of Computation Handbook*. Accessed: 2024-11-05. URL: https://www.nist.gov/dads/HTML/Levenshtein.html.

[3] America, I. of Medicine (US) Committee on Quality of Health Care in Institute of *Crossing the Quality Chasm: A New Health System for the 21st Century*. National Academies Press (US), 2001. Kap. 2, S. 39–60.

[4] Anderson, Stephen u. a. 1. In: *6th European Conference on Speech Communication and Technology*. 1999, S. 403–406. https://doi.org/10.21437/Eurospeech.1999-104.

[5] *Apple Audio Unit*. Accessed: 2024-10-30. URL: https://developer.apple.com/documentation/audiounit.

[6] Ardila, Rosana u. a. *Common Voice: A Massively-Multilingual Speech Corpus*. 2020. arXiv:1912.06670 [cs.CL]. URL: https://arxiv.org/abs/1912.06670.

[7] Attanasio, Giuseppe u. a. *Twists, Humps, and Pebbles: Multilingual Speech Recognition Models Exhibit Gender Performance Gaps*. 2024. arXiv:2402.17954 [cs.CL]. URL: https://arxiv.org/abs/2402.17954.

[8] Averbuch, A. u. a. 1. In: *ICASSP '87. IEEE International Conference on Acoustics, Speech, and Signal Processing*. Bd. 12. 1987, S. 701–704. https://doi.org/10.1109/ICASSP.1987.1169870.

[9] Baevski, Alexei u. a. *wav2vec 2.0: A Framework for Self-Supervised Learning of Speech Representations*. 2020. arXiv:2006.11477 [cs.CL]. URL: https://arxiv.org/abs/2006.11477.

[10] Bahl, Lalit, Jelinek, Frederick und Mercer, Robert 1. In: *Pattern Analysis and Machine Intelligence, IEEE Transactions on* PAMI-5:1, Apr. 1983. https://doi.org/10.1109/TPAMI.1983.4767370.

[11] Baker, James E. 1. In: *Proceedings of the 1st International Conference on Genetic Algorithms*. USA: L. Erlbaum Associates Inc., 1985, S. 101–111. ISBN: 0805804269.

[12] Beilharz, Benjamin u. a. 1. In: *Proceedings of the Language Resources and Evaluation Conference*, 2020. URL: https://arxiv.org/pdf/1910.07924.pdf.

[13] Bergstra, James und Bengio, Yoshua 1. In: *Journal of Machine Learning Research* 13(10):1, 2012. URL: http://jmlr.org/papers/v13/bergstra12a.html.

J. Behnke, *Automatische Optimierung von Audiosignalen für Transkription mit Evolutionären Algorithmen und Machine Learning*, BestMasters,
https://doi.org/10.1007/978-3-658-50048-1

[14] Bhatt, Japan, Patel, Harsh und Patil, Hemant A 1. In: *Small* 12(768):1, 2024.

[15] Blickle, Tobias und Thiele, Lothar 1. In: 1995. URL: https://api.semanticscholar.org/CorpusID:16240839.

[16] Bourlard, Herve und Morgan, Nelson *Connectionist Speech Recognition: A Hybrid Approach.* 1994. ISBN: 978-1-4613-6409-2. https://doi.org/10.1007/978-1-4615-3210-1.

[17] Box, George E. P. 1. In: *Journal of the Royal Statistical Society: Series C (Applied Statistics)* 6(2):1, 1957. https://doi.org/10.2307/2985505 eprint: https://rss.onlinelibrary.wiley.com/doi/pdf/10.2307/2985505 URL: https://rss.onlinelibrary.wiley.com/doi/abs/10.2307/2985505.

[18] Brodowski, Hanna u. a. *Student and lecturer perceptions of the use of an AI to improve communication skills in healthcare: an interview study.* Apr. 2024. https://doi.org/10.21203/rs.3.rs-4225671/v1.

[19] Chen, Jingdong u. a. 1. In: *IEEE Transactions on Audio, Speech, and Language Processing* 14(4):1, 2006. https://doi.org/10.1109/TSA.2005.860851.

[20] Choi, Keunwoo u. a. *A Comparison of Audio Signal Preprocessing Methods for Deep Neural Networks on Music Tagging.* 2021. arXiv:1709.01922 [cs.SD]. URL: https://arxiv.org/abs/1709.01922.

[21] Cuddington, Kim M und Yodzis, Peter 1. In: *Proc. Biol. Sci.* 266(1422):1, Mai 1999.

[22] *Darwin Correspondence Project, "Letter no. 5140,".* Accessed: 2024-12-17. URL: https://www.darwinproject.ac.uk/letter/?docId=letters/DCP-LETT-5140.xml.

[23] Davis, K., Biddulph, R. und Balashek, S. 1. In: *Journal of the Acoustical Society of America* 24:1, 1952. URL: https://api.semanticscholar.org/CorpusID:121505424.

[24] *DCCRNet _Libri1Mix _enhsignle _16k-Model.* https://huggingface.co/JorisCos/DCCRNet_Libri1Mix_enhsingle_16k. Accessed: 2024-11-11.

[25] De Jong, Kenneth, Fogel, David und Schwefel, Hans-Paul 1. In: Jan. 1997, A2.3:1–12.

[26] Deb, K. u. a. 1. In: *IEEE Transactions on Evolutionary Computation* 6(2):1, 2002. https://doi.org/10.1109/4235.996017.

[27] Deb, Kalyanmoy und Jain, Himanshu 1. In: *IEEE Transactions on Evolutionary Computation* 18:1, 2014. URL: https://api.semanticscholar.org/CorpusID:206682597.

[28] Droua-Hamdani, Ghania, Sellouani, Si-Ahmed und Boudraa, Malika 1. In: *2013 1st International Conference on Communications, Signal Processing, and their Applications (ICCSPA).* 2013, S. 1–5. https://doi.org/10.1109/ICCSPA.2013.6487262.

[29] Dubey, Harishchandra u. a. 1. In: *ICASSP.* 2023.

[30] Fletcher, Harvey und Wegel, Robert L 1. In: *Physical review* 19(6):1, 1922.

[31] Fogel, L.J., Owens, A.J. und Walsh, M.J. *Artificial intelligence through simulated evolution.* Chichester, WS, UK: Wiley, 1966.

[32] Fortin, Félix-Antoine u. a. 1. In: *Journal of Machine Learning Research* 13:1, Juli 2012.

[33] Fraser, AS 1. In: *Australian Journal of Biological Sciences* 10(4):1, 1957. URL: https://doi.org/10.1071/BI9570484.

[34] Freisleben, Bernd und Härtfelder, Michael 1. In: *Artificial Neural Nets and Genetic Algorithms.* Hrsg. von Rudolf F. Albrecht, Colin R. Reeves und Nigel C. Steele. Vienna: Springer Vienna, 1993, S. 392–399. ISBN: 978-3-7091-7533-0.

[35] Fu, Szu-Wei u. a. 1. In: *arXiv preprint* arXiv:2104.03538, 2021.

[36] Gholami, Amir u. a. *AI and Memory Wall.* 2024. arXiv:2403.14123 [cs.LG]. URL: https://arxiv.org/abs/2403.14123.

[37] Gilbert, Walter 1. In: *Nature* 271(5645):1, Feb. 1978. ISSN: 1476-4687. https://doi.org/10.1038/271501a0. URL: https://doi.org/10.1038/271501a0.

[38] Gulati, Anmol u. a. *Conformer: Convolution-augmented Transformer for Speech Recognition*. 2020. arXiv:2005.08100 [eess.AS]. URL: https://arxiv.org/abs/2005.08100.

[39] Hansen, Nikolaus *The CMA Evolution Strategy: A Tutorial*. 2023. arXiv:1604.00772 [cs.LG]. URL: https://arxiv.org/abs/1604.00772.

[40] Hashim, M Jawad 1. In: *Am Fam Physician* 95(1):1, Jan. 2017.

[41] Haton, Jean-Paul 1. In: *Speech Recognition and Coding*. Springer Berlin Heidelberg, 1995, S. 3–13. ISBN: 978-3-642-57745-1.

[42] Holland, J.H. *Adaptation in Natural and Artificial Systems: An Introductory Analysis with Applications to Biology, Control, and Artificial Intelligence*. University of Michigan Press, 1975. ISBN: 9780472084609. URL: https://books.google.de/books?id=YE5RAAAAMAAJ.

[43] Hsu, Wei-Ning u. a. *HuBERT: Self-Supervised Speech Representation Learning by Masked Prediction of Hidden Units*. 2021. arXiv:2106.07447 [cs.CL]. URL: https://arxiv.org/abs/2106.07447.

[44] Hwang, Dongseong *FAdam: Adam is a natural gradient optimizer using diagonal empirical Fisher information*. 2024. arXiv:2405.12807 [cs.LG]. URL: https://arxiv.org/abs/2405.12807.

[45] Ito, Keith und Johnson, Linda *The LJ Speech Dataset*. https://keithito.com/LJ-Speech-Dataset/. Accessed: 2024-12-18. 2017.

[46] Kim, Seung-Eun u. a. 1. In: *JASA Express Letters* 4(2):1, Feb. 2024. ISSN: 2691-1191. https://doi.org/10.1121/10.0024877. eprint: https://pubs.aip.org/asa/jel/article-pdf/doi/10.1121/10.0024877/19669029/025204_1_10.0024877.pdf URL: https://doi.org/10.1121/10.0024877.

[47] Koenecke, Allison u. a. 1. In: *The 2024 ACM Conference on Fairness, Accountability, and Transparency*. FAccT '24. ACM, Juni 2024, S. 1672–1681. https://doi.org/10.1145/3630106.3658996. URL: http://dx.doi.org/10.1145/3630106.3658996.

[48] Koza, John R. *Non-Linear Genetic Algorithms for Solving Problems*. United States Patent 4935877. filed may 20, 1988, issued june 19, 1990, 4,935,877. Australian patent 611,350 issued september 21, 1991. Canadian patent 1,311,561 issued december 15, 1992. Juni 1990.

[49] Lecun, Y. u. a. 1. In: *Proceedings of the IEEE* 86(11):1, 1998. https://doi.org/10.1109/5.726791.

[50] *librosa*. Accessed: 2024-11-26. URL: https://doi.org/10.5281/zenodo.11192913.

[51] Limited, Raw Material Software *JUCE*. https://juce.com/ Accessed: 2024-11-02. 2024.

[52] Liu, Shuo u. a. *Towards Selection of Text-to-speech Data to Augment ASR Training*. 2023. arXiv:2306.00998 [eess.AS]. URL: https://arxiv.org/abs/2306.00998.

[53] Lu, Ye-Xin, Ai, Yang und Ling, Zhen-Hua 1. In: *Proc. Interspeech*. 2023, S. 3834–3838.

[54] Martínez-Colón, Antonio u. a. 1. In: *Multimedia Tools and Applications* 81(3):1, Jan. 2022.

[55] Mauch, Matthias und Ewert, Sebastian 1. In: Jan. 2013.

[56] Michael, Terrell, Reiss, Joshua und Sandler, Mark 1. In: *EURASIP Journal on Advances in Signal Processing* 2010, Jan. 2010. https://doi.org/10.1155/2010/465417.

[57] Morris, Andrew, Maier, Viktoria und Green, Phil 1. In: Okt. 2004. https://doi.org/10.21437/Interspeech.2004-668.

[58] Morris, Andrew C. 1. In: 2002. URL: https://api.semanticscholar.org/CorpusID:9953367.

[59] Müller, Thorsten und Kreutz, Dominik *Thorsten-Voice Dataset 2021.02*. Version 3.0. Please use it to make the world a better place for whole humankind. Sep. 2021. https://doi.org/10.5281/zenodo.5525342. URL: https://doi.org/10.5281/zenodo.5525342.

[60] O'Haver, Tom *A Pragmatic Introduction to Signal Processing*. Mai 2020, S. 41–60. ISBN: 9798611266687.

[61] *P.862 : Perceptual evaluation of speech quality (PESQ): An objective method for end-to-end speech quality assessment of narrow-band telephone networks and speech codecs*. Accessed: 2024-11-17. URL: https://www.itu.int/rec/T-REC-P.862.

[62] Panayotov, Vassil u. a. 1. In: *2015 IEEE International Conference on Acoustics, Speech and Signal Processing (ICASSP)*. 2015, S. 5206–5210. https://doi.org/10.1109/ICASSP.2015.7178964.

[63] Pariente, Manuel u. a. 1. In: *Proc. Interspeech*. 2020.

[64] Park, Kyubyong und Mulc, Thomas 1. In: *Interspeech*, 2019.

[65] Prabhavalkar, Rohit u. a. *End-to-End Speech Recognition: A Survey*. 2023. arXiv:2303.03329 [eess.AS]. URL: https://arxiv.org/abs/2303.03329.

[66] Priyanka, Poudel *Evaluation Metrics for Speech (Audio) Signal Processing*. Accessed: 2024-11-19. 2023. URL: https://medium.com/@poudelnipriyanka/audio-metrics-their-importance-and-their-necessity-417950b0d848

[67] Purwins, Hendrik u. a. 1. In: *IEEE Journal of Selected Topics in Signal Processing* 13(2):1, Mai 2019. ISSN: 1941-0484. https://doi.org/10.1109/jstsp.2019.2908700. URL: http://dx.doi.org/10.1109/JSTSP.2019.2908700.

[68] Radford, Alex u. a. 1. In: 2022.

[69] Rajkhowa, Tonmoy, Chowdhury, Amartya Roy und Prasanna, S. R. Mahadeva 1. In: *Speech and Computer*. Hrsg. von Alexey Karpov u. a. Cham: Springer Nature Switzerland, 2023, S. 32–42. ISBN: 978-3-031-48309-7.

[70] Rathod, Siddharth, Charola, Monil und Patil, Hemant A. 1. In: *Pattern Recognition and Machine Intelligence*. Hrsg. von Pradipta Maji u. a. Cham: Springer Nature Switzerland, 2023, S. 708–715. ISBN: 978-3-031-45170-6.

[71] Ravanelli, Mirco u. a. *SpeechBrain: A General-Purpose Speech Toolkit*. arXiv:2106.04624. 2021. arXiv:2106.04624 [eess.AS].

[72] Ravber, Miha u. a. 1. In: *Applied Soft Computing* 128:1, 2022. ISSN: 1568-4946. https://doi.org/10.1016/j.asoc.2022.109478 URL: https://www.sciencedirect.com/science/article/pii/S1568494622005804.

[73] Reddy, Chandan KA u. a. 1. In: *Proc. Interspeech 2019*:1, 2019.

[74] Reynolds, Douglas 1. In: *Encyclopedia of Biometrics*. Hrsg. von Stan Z. Li und Anil K. Jain. Boston, MA: Springer US, 2015, S. 827–832. ISBN: 978-1-4899-7488-4. https://doi.org/10.1007/978-1-4899-7488-4_196. URL: https://doi.org/10.1007/978-1-4899-7488-4_196.

[75] Rossenbach, Nick u. a. *Generating Synthetic Audio Data for Attention-Based Speech Recognition Systems*. 2020. arXiv:1912.09257 [cs.CL]. URL: https://arxiv.org/abs/1912.09257.

[76] Rudolph, Günter 1. In: *Handbook of Natural Computing*. Hrsg. von Grzegorz Rozenberg, Thomas Bäck und Joost N. Kok. Berlin, Heidelberg: Springer Berlin Heidelberg, 2012, S. 673–698. ISBN: 978-3-540-92910-9. https://doi.org/10.1007/978-3-540-92910-9_22. URL: https://doi.org/10.1007/978-3-540-92910-9_22.

[77] Samek, Fabian u. a. 1. In: PETRA '23. Association for Computing Machinery, 2023, S. 457–460. ISBN: 9798400700699. https://doi.org/10.1145/3594806.3596581. URL: https://doi.org/10.1145/3594806.3596581.

[78] Schrader, Andreas *Evolution äre Algorithmen zur Farbquantisierung und asymmetrischen Codierung digitaler Farbbilder*. Wissenschaftlicher Verlag Berlin, 1999. ISBN: 3-932089-38-3.

[79] Schwefel, Hans-Paul und Männer, Reinhard 1. In: Jan. 1991.

[80] Sedgwick, Philip 1. In: *BMJ* 345:1, Juli 2012. https://doi.org/10.1136/bmj.e4483.

[81] Stamer, Tjorven, Steinhäuser, Jost und Flägel, Kristina 1. en. In: *J. Med. Internet Res.* 25:1, Juni 2023.

[82] *Steinberg Virtual Studio Technology*. Accessed: 2024-10-30. URL: https://www.steinberg.net/de/technology/.

[83] Sternickel, Karsten u. a. 1. In: *Physical review. E, Statistical, nonlinear, and soft matter physics* 63:1, Apr. 2001. https://doi.org/10.1103/PhysRevE.63.036209.

[84] Taal, Cees H. u. a. 1. In: *2010 IEEE International Conference on Acoustics, Speech and Signal Processing*. 2010, S. 4214–4217. https://doi.org/10.1109/ICASSP.2010.5495701.

[85] Tan, Z.H. und Lindberg, B. *Automatic Speech Recognition on Mobile Devices and over Communication Networks*. Advances in Computer Vision and Pattern Recognition. Springer London, 2008. ISBN: 9781848001435. URL: https://books.google.de/books?id=IftV7maWhSMC.

[86] Torres-Reyes, Norberto und Latifi, Shahram 1. In: *International Journal of Computer Applications* 182(35):1, 2019.

[87] Trabelsi, Asma u. a. 1. In: *Proceedings of the 16th International Conference on Agents and Artificial Intelligence – Volume 3: ICAART*. INSTICC. SciTePress, 2024, S. 1221–1228. ISBN: 978-989-758-680-4. https://doi.org/10.5220/0012457100003636.

[88] TURING, A. M. 1. In: *Mind* LIX(236):1, Okt. 1950. ISSN: 0026-4423. https://doi.org/10.1093/mind/LIX.236.433. eprint: https://academic.oup.com/mind/article-pdf/LIX/236/433/30123314/lix-236-433.pdf URL: https://doi.org/10.1093/mind/LIX.236.433.

[89] Vaswani, Ashish u. a. *Attention Is All You Need*. 2023. arXiv:1706.03762 [cs.CL]. URL: https://arxiv.org/abs/1706.03762.

[90] Veaux, Christophe, Yamagishi, Junichi und MacDonald, Kirsten 1. In: 2017.

[91] Vrajitoru, Dana 1. In: *Soft Computing in Information Retrieval: Techniques and Applications*. Hrsg. von Fabio Crestani und Gabriella Pasi. Heidelberg: Physica-Verlag HD, 2000, S. 199–222. ISBN: 978-3-7908-1849-9. https://doi.org/10.1007/978-3-7908-1849-9_9. URL: https://doi.org/10.1007/978-3-7908-1849-9_9.

[92] Watanabe, Shuhei *Tree-Structured Parzen Estimator: Understanding Its Algorithm Components and Their Roles for Better Empirical Performance*. 2023. arXiv:2304.11127 [cs.LG]. URL: https://arxiv.org/abs/2304.11127.

[93] Weicker, Karten *Evolution äre Algorithmen*. Teubner Verlag, 2002. ISBN: 3-519-00362-7.

[94] Wiener, Norbert *Extrapolation, Interpolation, and Smoothing of Stationary Time Series: With Engineering Applications*. The MIT Press, Aug. 1949. ISBN: 9780262257190. https://doi.org/10.7551/mitpress/2946.001.0001. eprint: https://direct.mit.edu/book-pdf/2313079/book_9780262257190.pdf URL: https://doi.org/10.7551/mitpress/2946.001.0001.

[95] Wilcoxon, Frank 1. In: *Biometrics Bulletin* 1(6):1, 1945. ISSN: 00994987. URL: http://www.jstor.org/stable/3001968 (besucht am 25. 11. 2024).

[96] Wolpert, David H. und Macready, William G. 1. In: 1995. URL: https://api.semanticscholar.org/CorpusID:12890367.

[97] Yang, Shengxiang 1. In: *Applications of Evolutionary Computing*. Hrsg. von Mario Giacobini. Berlin, Heidelberg: Springer Berlin Heidelberg, 2007, S. 627–636. ISBN: 978-3-540-71805-5.

[98] Ye, Andre und Wang, Zian 1. In: *Modern Deep Learning for Tabular Data: Novel Approaches to Common Modeling Problems*. Berkeley, CA: Apress, 2023, S. 711–752. ISBN: 978-1-4842-8692-0. https://doi.org/10.1007/978-1-4842-8692-0_10. URL: https://doi.org/10.1007/978-1-4842-8692-0_10.

[99] Zen, Heiga u. a. *LibriTTS: A Corpus Derived from LibriSpeech for Text-to-Speech*. 2019. arXiv:1904.02882 [cs.SD]. URL: https://arxiv.org/abs/1904.02882.

Zeitfracht Medien GmbH
Ferdinand-Jühlke-Straße 7
99095 Erfurt, Deutschland
produktsicherheit@kolibri360.de